HOW TO BE A GOOD CREATURE:
A Memoir in Thirteen Animals

動物教我成為更好的人

不管有幾隻腳，都要在人生道路上勇敢的前進

Sy Montgomery 莎伊・蒙哥馬利 著
Rebecca Green 蕾貝卡・格林 繪
郭庭瑄 譯

目錄
contents

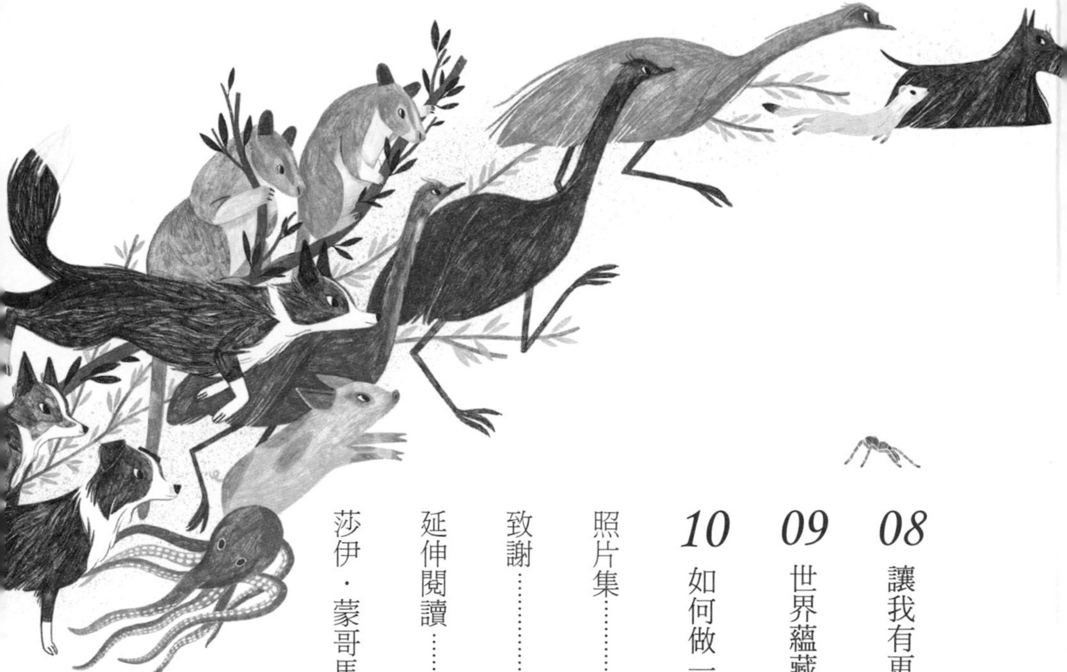

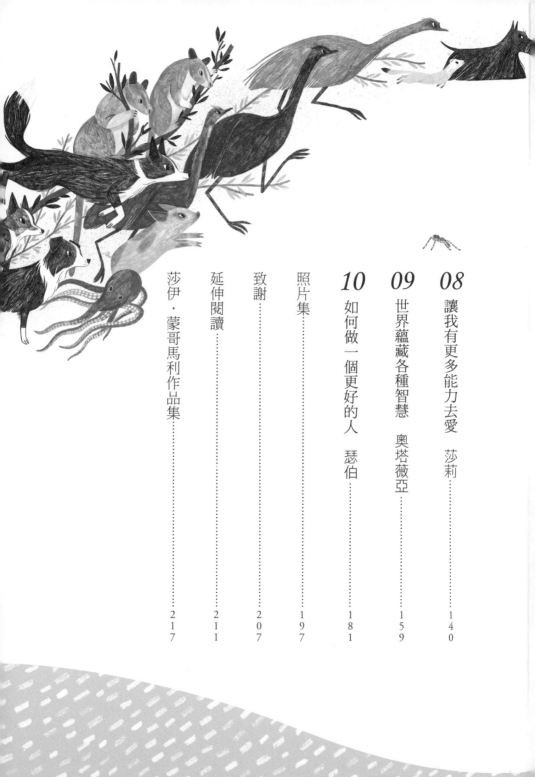

獻給米莫斯博士（Dr. Millmoss），直到永遠的永遠。

序言

為了替書取材，我經常四處旅行，足跡遍及世界各地。我曾在巴布亞新幾內亞的雲霧森林中和研究團隊一起追蹤戴有無線電項圈的樹袋鼠，到蒙古戈壁的阿爾泰山區尋找雪豹的蹤跡，並為了一本關於粉紅海豚的書，遠至亞馬遜跟電鰻、食人魚一起游泳。在這些旅程中，我經常想到一句對我來說就像承諾、而且屢試不爽的話：當學生準備好的時候，老師就會出現。我很幸運地在課堂上遇見了幾位非常優秀的老師（其中最棒、影響最深的是我的高中新聞學老師克拉森先生），但在我的生活中，動物才是最主要、也是最重要的導師。

這些動物教會了我一件關於人生的事，那就是「如何做個好人」。

從我在嬰兒時期注意到的第一隻蟲子、在東南亞地區遇見的亞洲黑熊，到在肯亞看見的斑點鬣狗……我認識的每一隻動物都擁有良善美好的靈魂，每一隻都是完美、充滿驚奇且獨一無二的生命。動物的智慧遠超出人類的理解力，因此無論和什麼動物相處都能陶冶性情、啟迪身心。蜘蛛可以用腳來感受世界；鳥兒可以看見我們無法形容的顏色；蟋蟀可以用腿唱歌、用膝蓋聆聽；而狗狗不僅能聽見人類聽不見的聲音，甚至還能在我們意識到自己不開心之前就知道我們不開心了。

了解其他物種能讓我們的心靈以驚人的方式拓展，變得更廣、更遼闊。你會在這本書裡遇見許多動物，有些只透過短暫的邂逅就改變了我的人生，有些則成為我們家的一分子，包括好幾隻住在屋子裡的狗狗、一隻住在穀倉的豬、三隻不會飛的巨鳥、兩隻樹袋鼠、一隻蜘蛛、一隻白鼬和一隻章魚。

我還在學習如何做個好人，雖然我很努力嘗試，而且經常失敗。不過，我擁有非常精采豐富的生活，這種生活能讓我在編織狂野夢想之餘探索這個綠意盎然的美好世界，也讓我有幸在回家後享受多物種家人所給予的安慰和喜悅。

我常常希望能回到過去告訴那個年輕又焦慮的自己：「妳的夢想絕非徒勞，悲傷也不會永存不散。」可是我沒辦法這麼做，事實上，我能做的比穿越時空更棒：我能透過自己的經驗故事讓你知道，老師無處不在，有的是四條腿，有的是兩條腿，甚至是八條腿；有的體內有骨骼，有的沒有骨骼；牠們都是來幫助你的，你只要把對方視為生命中的導師，做好準備，仔細聆聽真理就行了。

探索世界的動機

莫莉

讀小學的時候，除了上課的時間外，我和莫莉總是膩在一起。莫莉是我們家養的蘇格蘭㹴犬，我們倆會在紐約布魯克林漢彌爾頓堡二二五號區的將軍官邸「執勤」，到平坦又寬敞的草坪上站崗，更確切地說是莫莉在看守環境，而我在看顧牠。

不幸的是，對被培育用來獵捕狐狸和貛的蘇格蘭㹴犬來說，秩序井然又講求效率的軍事基地裡根本沒什麼獵物可以抓。基地中每一寸土地都經過嚴謹的整理，完全不容許野生動物的存在；但也有例外，因為我們住的房子是美國陸軍的財產，不是自己的，不能擅自蓋籬笆或圍欄，每當偶爾出現松鼠時，莫莉總會衝出去追牠，我們只好在草地上深深插進一根堅固的螺旋樁，再用狗鍊把莫莉拴在上面。看著牠用濕濕的黑鼻子和高高豎起、不停轉動的尖耳朵仔細觀察環境，我心裡湧起一股非常、非常強烈的渴望（其實我每天都有這種渴望），希望自己能跟牠一樣有嗅聞、傾聽遠方動物來來去去的能力。

就在這個時候，莫莉突然暴衝，看起來就像毛茸茸的小砲彈。

剎那間，那根四十五公分長的螺旋樁就咻地飛出草地；莫莉一邊齜牙咧嘴，發出又喜又怒的吼叫聲，一邊拖著狗鍊和螺旋樁狂奔，穿過單層磚房前的紫杉樹叢。我馬上就瞥見牠在追什麼了——是兔子！

我立刻跳了起來。我以前從來沒看過野兔，從來沒有人聽說過漢彌爾頓堡有野兔！我想靠近一點看，可是莫莉已經追兔子追到磚房前面了，我那兩隻瘦弱又被困在瑪莉珍皮鞋裡的小學二年級生的腳，根本沒辦法跑得跟牠那四條有爪且發育成熟的腿一樣快。

蘇格蘭㹴犬的叫聲既兇猛又低沉，而且威嚴十足，想不注意都難。很快地，我母親和一位負責維持將軍官邸整潔的士兵從我們住的那一區跑了出來，我身邊頓時冒出好幾雙大人的腿，大家都緊追著那隻瘋狂猛衝的㹴犬跑來跑去

（當然啦，他們完全追不上牠）。這時莫莉早就掙脫狗鍊，把螺旋樁遠遠拋在身後了。牠拚命往前跑，擋也擋不住，任何人事物都無法阻止牠。不管有沒有抓到兔子，牠都會在外面晃上好幾個小時，或許天黑後才會回家也說不定。等牠玩夠了、準備好了，牠就會出現在家門口簡單地叫一聲，要我們讓牠進去。

我好希望自己能跑去追牠。我不是想讓牠停下來，而是想跟牠一起跑。我想再看看那隻兔子；我想知道夜晚的軍事要塞是什麼味道；我想遇見其他狗狗，和牠們追逐打鬧；我想把鼻子探進洞穴聞聞看是誰住在那裡，也想發掘深埋在泥土裡的寶藏。

很多小女孩都很崇拜自己的姊姊，我也不例外，只不過我姊姊是隻蘇格蘭㹴犬，而我，穿著媽媽幫我換的蕾絲襪子和荷葉邊洋裝無助地站在那裡的我，只想變得跟牠一樣：強悍，充滿野性，而且勢不可擋。

根據我母親的說法，我一直都不是什麼「正常」的孩子。

關於這點，她舉了一個例子佐證。她和我父親第一次帶我去動物園的時候，才剛學會走路的我就掙脫他們的手，搖搖晃晃地走向自己選的目的地——猛獸區的圍欄裡，裡面關著園區中體型最大、最危險的動物。我猜那些河馬當時一定是用和善的眼神望著我，不想把我踩扁或咬成兩半（重達一千三百六十多公斤的河馬很有可能會這麼做），因為不知怎的，我爸媽最後成功把我從圍欄裡救出來，而且毫髮無傷，但我母親卻一直沒有從這場意外中復原，真正放下這件事。

我一直都很愛動物，對我來說，動物的吸引力遠勝過其他小孩、大人或洋娃娃，我比較喜歡看我養的兩隻金魚「小金」和「小黑」，或是跟我心愛卻命運多舛的烏龜「黃眼女士」一起玩（我母親來自南方，早在女性主義崛起前，我就從她那裡學到這個語言習慣，用「女士」來尊稱所有女性和雌性動物）。黃眼女士就跟一九五〇年代大多數的寵物龜一樣飽受飲食失衡所苦，導致龜殼軟化而死亡。母親送了一個洋娃娃想安慰我，但我完全不理，也不想跟它玩；我父親從美國南部回來時帶了一隻凱門鱷（鱷魚的一種）造型的填充玩偶給我，我立刻替玩偶換上洋娃娃的衣服，然後用娃娃車推著玩偶到處跑。

身為獨生女的我從來沒有想過或渴望有弟弟和妹妹。我不需要其他小孩的陪伴。大多數的小孩都很吵又很好動，完全坐不住，只會跑來跑去，把那些在人行道上昂首闊步的鴿子嚇得到處亂飛，要他們靜靜地觀察熊蜂根本就是不可能的任務。

至於大人嘛，我也沒有特別記得誰，或是有什麼難忘的回憶（當然還是有少數例外）。遇到那些已經見過很多次面的大人時，除非我爸媽提醒我對方養了哪些寵物，例如「他們家養了布蘭迪啊。」布蘭迪是一隻迷你長毛臘腸狗，牠的毛是紅色的，而且很喜歡依偎在我身邊。我上床睡覺時大人們還在開派對，布蘭迪就會過來和我一起躺在床上。我想不起來牠的主人叫什麼名字，也想不起來他們長什麼樣子，我通常會記得布蘭迪。我只會呆滯地看著對方，完全認不出來他們是誰。傑克叔叔（嚴格來說應該不是叔叔，而是傑克上校才對）是我父親的朋友，也是少數幾個沒有養寵物但我很喜歡的人。他會幫我畫身上有白斑花紋的小馬，他和我父親下西洋棋的時候，我會小心翼翼地替那些斑紋著色。

M

等我的語言能力發展到一定程度，能開始描述事情後，我就在爸媽面前鄭重宣布：其實我是一匹馬。我繞著屋子狂奔，還不斷甩頭、發出嘶鳴聲；我父親同意叫我「小馬」，但我那個優雅、愛交際且對社會地位很有野心的母親希望她的寶貝女兒能有點判斷力，假裝自己是公主或仙女，因此她非常憂慮，擔心我是人家說的那種「智障」。

軍醫向她保證，「小馬」只是一個階段而已，一定會隨著時間過去。果然沒錯，後來我就不覺得自己是馬了——其實我是一隻狗。

從我的角度來看，這種認知只顯示出一個問題。我的父母和他們的朋友急著教我該怎麼當個小女孩，卻沒有人告訴我該怎麼當一隻狗；一直到我三歲，也就是莫莉出現在我生活中那一年，我那短暫的人生目標才終於實現。

育種中心的網站上描述年幼的蘇格蘭㹴犬「個性大膽活潑，很有自信」，而且特別「任性、固執又好動」，獨立強悍的性格特質早在幼犬期便展露無遺。崇尚節儉的蘇格蘭人培育出這個古老的品種以保護牲畜不受野獸侵擾，因此說這些體型嬌小、毛髮黝黑的蘇格蘭㹴犬是高地上的戰士也不為過。牠們不但勇敢又強壯，力氣足以制伏狐狸和獾，而且非常聰明，不需仰賴主人就能自己獨立工作，智取野外的入侵者。站著的蘇格蘭㹴犬大概只有二十五公分高，體重也只有九公斤左右；美國作家和評論家桃樂絲帕克（Dorothy Parker）說，牠們「集小型犬的敏捷與大型犬的勇猛於一身，體格也出乎意料的健壯，大家都知道，對蘇格蘭㹴犬來說唯一致命的就是被車子輾過，就連車子本身也很清楚這是場硬仗。」年幼的蘇格蘭㹴犬就像坐擁天生神力、而且還有在吃類固醇的恐怖兩歲小孩一樣，具備幾近反常的生命韌性及不可毀滅性。

不過，雖然我和莫莉一起度過了童年時光，但年輕、強悍又好鬥的牠跟我完全相反。

我剛滿兩歲時發生了一件很可怕的事。當時我們全家一起從德國（我的出生地）搬回美國，我們在德國有請保母，搬回美國後就變成我母親負責照顧我。後來我才從她口中得知，我染上了非常罕見的幼兒單核白血球增多症（mononucleosis）；可是我姑姑覺得根本沒這回事（的確，多年後我在自己的軍事醫療紀錄上完全找不到這項診斷結果），反倒認為可能是有人一而再、再而三地猛烈搖晃我的身體，或是把我悶住，也可能兩種都有。當時我確實整天哭個不停，甚至好幾年後我都已經進入青春期了，我母親還是常常滿懷憤恨地跟朋友抱怨我的哭聲毀了她的雞尾酒時光。對她來說，一天之中最棒的部分就是晚上那幾杯馬丁尼。當我父親不在家，剩她孤身一人面對嚎啕大哭的寶寶時，這些酒精想必能減輕她的寂寞感吧。

不管我到底生了什麼病、遇上了什麼事，總之過了幾個月後我開始不玩，不講話，也不吃飯。到了三歲的時候，我還是非常瘦小，完全沒有長大。

我爸媽很擔心我的身體狀況。我母親買了一個底部畫有動物圖案的小碗，這樣只要我把麥片吃完就能看到那些圖案；另外，她還會用餅乾模具把吐司切成動物的形狀，我父親則試著用奶昔（他都會偷偷地在奶昔裡加一顆生雞蛋）引誘我、哄我吃東西。眼看我的健康每況愈下，他們心裡非常焦急，這股絕望感可能就是讓他們開始考慮領養狗狗的原因。

現在的馴犬師和親職教練應該會勸我爸媽不要這麼做。馴犬師認為蘇格蘭狸犬的確是很棒的狗，但不太適合小小孩，因為嬰幼兒可能會踩到狗的腳或抓牠們的尾巴，蘇格蘭㹴犬不但不會容忍這種事，反而有很大的機率會咬人，牠們的下顎和牙齒就跟「㹴犬之王」萬能㹴一樣人，雖然異常忠心，但也是㹴犬中最兇猛的品種。目前大部分的專家都建議，就算是個性溫順又有耐心的犬種，還是等到孩子六、七歲再養比較好。

當然啦，當時大家都不知道這些事，所以葛蕾絲阿姨（她是一位魅力十足的古巴女子，因社會及政治因素被迫移民、流亡海外）就從她養的三隻可愛狗狗裡選了一隻送給我們。

葛蕾絲阿姨並不是我真正的阿姨，而她先生，也就是我從小叫到大的克萊德叔叔也不是我真正的叔叔。克萊德叔叔是我父親最好的朋友，但葛蕾絲阿姨卻是我母親的假想敵。葛蕾絲阿姨穿著胸前開低衩的高級訂製窄裙洋裝，畫著黑色眼線，塗著緋紅色口紅，腳上踩著高跟鞋，一頭及腰的烏黑秀髮優雅地挽起，盤成華麗的髮髻。我母親覺得她很愛炫耀，有一次她問我：「妳猜葛蕾絲阿姨穿什麼顏色的洋裝帶狗狗去獸醫那裡打疫苗？」

「黑色嗎？」我猜。就我個人來說，我會很希望自己看起來盡量和其他家人一樣。「不是，」我母親立刻糾正我。「是白色！」這樣才能襯托狗狗本身的顏色。

我想莫莉應該是看完獸醫沒多久就來我們家，成為我們生活中的一分子。莫莉來的那天堪稱我短暫的人生中最美好的一天，可是……唉，可能是因為我的病、我受的傷，或是我年紀太小的關係吧，總之我對這個扭轉生命的關鍵時刻一點印象也沒有。

不過莫莉很快就發揮了牠的影響力，而且效果非常顯著。

牠剛來我們家沒多久，我爸媽就幫我們倆拍了一張黑白照片，我母親想在聖誕節，也就是我四歲生日前兩個月把這張照片做成節日賀卡寄給親朋好友。照片裡的我穿著澎澎的燈籠短袖服裝，壁爐上方掛著聖誕襪，聖誕老公公機器人則站在我旁邊的磚石地板上準備搖銅鈴。這張照片就和我母親做的所有聖誕賀卡一樣，從場景到構圖全都是刻意安排的，但我和莫莉流露出來的興奮卻非常真實，那是發自內心的快樂。

「莫莉偷拿爸爸的襪子！」

莫莉就和大多數小狗一樣喜歡偷東西，尤其是我父親用來搭配將軍制服的黑色紳士襪。每次只要牠偷咬襪子，我就會迫不及待地大聲放送（不是打小報告喔），叫全家人一起看接下來這個有趣的畫面。我父親非常愛狗，總是被這件事逗得哈哈大笑。通常襪子都丟在臥室的洗衣籃裡，有時則塞在鞋頭裡，莫莉會把襪子叼出來咬著衝進客廳，發出兇猛又低沉的吼聲，然後帶著喜怒交加的神情專心地猛甩襪子，等到牠確定自己咬斷了襪子的脖子，我們才能把襪子拿回來。

身為一隻小狗，莫莉不會亂啃東西，而是直接「賜死」。沒錯，牠是很喜歡牛皮骨和骨頭，可是當牠攻擊我父親的襪子時，牠是在追求某種截然不同的感受。我不記得牠有沒有真正殺死過其他動物，但牠總是把物品想像成活的，想像自己奪走它們的生命。

莫莉最愛的就是「殺球」。牠對小顆的球沒興趣，也不喜歡玩撿球遊戲；相反的，牠會挾著一股強烈的狠勁去追像是足球、壘球和躲避球等大型的充氣塑膠球狀物，然後猛力攻擊它們。我會在清晨用牽繩帶著牠從我們住的那一區走到軍事基地裡的網球場，趁大人還沒占用場地前把球滾給牠玩。莫莉從喉嚨深處發出的低吼聲在場上迴盪，震撼著我的胸膛，我看著牠以迅雷不及掩耳的速度越過紅土球場，追著那顆在牠鼻子前方拚命逃跑的球。雖然球跑得很快，但莫莉總是能把球逼到角落，接著用長長的白色犬齒刺穿球的肺，球就會因為漏氣而扁掉，這樣牠就能用強壯的下顎咬住整顆球、猛烈搖晃，讓球陷入無意識狀態。球死掉之後，莫莉會讓我把它撿起來好好檢查一下。那顆扁扁的球看起來就好像被冰錐刺破一樣。一隻小小的狗居然能用那張小小的臉做出這樣的事。因此我很早就對莫莉另眼相看，覺得牠是一隻力量強大、值得由衷尊敬的動物。

基地中的其他人顯然也注意到這件事了。莫莉長大後，我們就不再用螺旋樁和狗鍊，所以牠常常在晚上獨自外出蹓躂，大家都認識牠。有天晚上，牠跑到陸軍婦女服務隊（Women's Auxiliary Army Corps。一直到一九七八年，美國國防部才取消婦女服務隊，讓女性軍人整合進一般男性部隊）的營房，當時有幾個女兵正在外面。隔天我們就聽說那些女兵一看到莫莉小跑步經過就全都站成一排，讓牠仔細聞聞她們，而且在牠離開營房繼續往前走時還向牠行軍禮。

這個故事可能是杜撰的謠言；或者婦女服務隊可能只是因為莫莉是將軍家的寵物，所以才向牠行軍禮；也有可能是這些堅強果敢的女性看到這隻體型嬌小的母狗，想對牠的獨立和勇氣表示敬意。一位前上將也在他的蘇格蘭㹴犬身上看到這項特質。擁有鄧巴頓伯爵頭銜的十九世紀蘇格蘭陸軍指揮官喬治道格拉斯（George Douglas）少將，他養了一群非常出色的蘇格蘭㹴犬，還替牠們取了個綽號叫「死硬派」，後來他更以自己的蘇格蘭㹴犬為靈感，將最愛的皇家蘇格蘭軍團命名為「鄧巴頓的死硬軍團」。

莫莉具有蘇格蘭㹴犬典型的自立特質，完全不需要別人告訴牠該做什麼。比方說，我們晚上叫牠進來屋裡，牠不會乖乖聽話；最後我爸媽想出一個辦法，就是不斷開關前廊的燈，利用閃爍的燈光打信號，讓莫莉知道我們希望牠趕快回家。不過這跟我父親對紅綠燈的看法一樣，只是一個建議而已（他說紅燈「只是一個建議」），莫莉想回家的時候就會回家了。

我一點都不擔心這件事，也不期待莫莉會遵從我的指令。她為什麼要聽我的？我五歲的時候，莫莉才兩歲，可是就狗的年齡來看，牠已經是成熟的大人了。對我來說，牠不但是我的上司，也是我的模範。我完全沒有意識到自己對這段關係的看法很特殊，而且一般人並不認同這種觀點，直到我母親開始試圖控制、馴服我和莫莉為止。

蘇格蘭㹴犬之所以與眾不同，是因為牠們既獨立又頑強，而這兩項重要特質也讓牠們變成難以訓練的動物。有個馴犬師就在個人網站上說，蘇格蘭㹴犬是出了名的固執，也能依靠自己的力量立足，這些性格「讓牠們覺得自己沒必要服從他人。」

然而不可思議的是，在我們家的莫莉恣意奔跑、破壞玩具和衣物的同時，迷人的葛蕾絲阿姨居然成功訓練她的蘇格蘭㹴犬禱告和彈鋼琴。

我知道外面有個生氣蓬勃、綠意盎然、熱鬧喧嚷的世界，這個世界每天都在呼吸，還有很多小鳥、昆蟲、烏龜、魚、兔子和鹿，大家都為了生活忙得團團轉。

葛蕾絲阿姨買了一架低矮的黑色兒童鋼琴，就像《花生漫畫》（Peanuts，有史努比的那部漫畫）裡謝勒德彈的那種。她會把莫莉的哥哥——麥克叫到客廳，用充滿熱情與活力的聲音鼓勵牠：「彈鋼琴呀！」坐在塑膠鍵盤前面的麥克會舉起腳掌用力敲打琴鍵，彈奏出第一組音符，然後又是另一組音符，而且還兩隻腳掌交換彈。當時同樣在學鋼琴的我很驚訝也很佩服，麥克竟然在我還沒學會雙手彈琴前就已經會這招了。

鋼琴表演結束後，葛蕾絲阿姨還會要他們家的蘇格蘭㹴犬展現出虔誠的姿態，讓客人印象深刻。她拿出一張嵌有軟墊的巨大淡藍色腳凳當餐桌，上面放兩張相配的藍色餐墊，準備擺放狗狗的碗。葛蕾絲阿姨一把裝滿食物、閃閃發光的鋁製狗碗拿出來，麥克和牠媽媽金妮就肩並肩地坐下。「禱告吧！」葛蕾絲阿姨把碗放在腳凳上，用鼓勵的語氣說。她一說完，那兩隻蘇格蘭㹴犬便把腳掌搭在前方的「餐桌」邊緣，將口鼻部埋進腳掌裡，然後一直保持這個姿勢不動，直到葛蕾絲阿姨示意牠們可以開動為止。

這些表演令人大感驚艷。在美國陸軍上流社會中，讓同儕刮目相看是非常重要的事。我母親小時候住在阿肯色州，雖然她當時養了一隻心愛的混種米格魯「跳跳」（後來跳跳不幸被車子輾斃），但她畢竟不是馴犬師，不過她是個手藝很好的裁縫師。她打算利用這項優勢贏過那個魅力十足的勁敵。也許莫莉的行為沒辦法像人一樣，但至少牠可以穿得像人一樣。

儘管蘇格蘭㹴犬為了抵禦惡劣的天氣，已經隨著時間演化、培育，養出一身又粗又硬的毛，我母親仍舊著手替莫莉縫製迷你外套，而且冬天和夏天的都有。我覺得傳統的蘇格蘭格紋很棒，顏色很穩重，但我母親最後決定選柔和的糖果色，畢竟莫莉是女生嘛，她認為女生應該要穿淡雅的顏色才對。接下來，她把焦點轉向莫莉的家具和生活配備。麥克有臺鋼琴放在葛蕾絲阿姨的客廳裡，莫莉絕對不能輸，於是我母親便幫牠買了一張有床幔的床，擺在廚房和客廳中間，而且還親手縫了床單、枕頭和綴滿荷葉邊的貴族紅絲緞床幔。

我母親一直很希望我變成她期待的樣子，至少看起來像個小巧玲瓏的女孩；隨著這種狂熱越燒越旺，我的衣服也開始冒出一大堆荷葉邊。念布魯克林私校的時候，學校的女生都不穿長褲，事實上，一直到我五年級因為搬家、進入公立學校就讀之前，我的生活中完全沒有牛仔褲這種東西。我母親嚴正警告我，絕對不能把衣服弄髒，害我連在幼稚園要用手指畫畫時都不敢畫，就算有穿工作服我也不敢。多年後我母親講起這個故事還很得意呢。

我母親就這樣坐在她那臺黑金雙色、羽量級的勝家（Singer）縫紉機前，替我縫製了一件又一件漂亮的洋裝，而且用的通常都是能和她的衣服匹配或相同的布料。她最令人讚嘆的作品是我小學時參加戲劇表演所穿的服裝。因為我從小到大都比班上的同學矮，所以我飾演的角色是身材嬌小的牧羊女小波（Little Bo Beep）；整套戲服全都是白色和粉紅色，上面綴滿了精緻的網眼蕾絲，另外還有一頂刺繡無邊軟帽，做工華麗到在我走下舞臺時，現場觀眾全都倒抽了一口氣。

不過，就像我母親很重視女性化風格一樣，我非常推崇「狗性化」風格。莫莉那種超凡脫俗的力量讓我深深著迷。牠可以在我父親的公務車遠遠開過來、還沒駛上車道前就聽見車子的聲音，在我母親把肯埃爾（Ken-L Ration）狗糧罐頭從冰箱裡拿出來那一刻就聞到食物的香味，還可以在伸手不見五指的黑暗中維持視力、看清周遭的環境。

我在想，我能不能學習、獲得這些超能力？電視上的卡通人物可以穿越牆壁（例如鬼馬小精靈），或是搭乘火箭在空中翱翔（例如太空天使），但這裡有隻活生生的動物擁有超乎人類的天賦，而年紀小小的我決心對自己許下承諾，成為牠永遠的追隨者。

從粉紅色舌頭上的褐色突起物，到牠的肛門在有便意時如開花般綻放，莫莉全身上下沒有一個地方逃得過我的法眼。我滿懷熱忱地觀察牠的耳朵，注意每一次蜷曲和轉動；我興致勃勃地看著牠軟軟又有彈性的鼻子，檢視每一次擴張和抽搐。所有跟莫莉有關的一切都很完美。

除了那些顯而易見的差異外，我和莫莉之間還有很多不同的地方。牠的鼻孔是逗號的形狀，我的則是簡單的小洞；牠的耳朵不僅可以隨意扭動，裡面還有許多神秘的軟骨結構，不像我的耳朵是固定的，內部的構造也不盡相同，但我認為這些差異並非無法克服的阻礙。要是我能學到牠的狗狗秘訣就好了，說不定我就能變得跟牠一樣了！我還記得自己用手臂枕著頭，躺在地板上好幾個小時，莫莉就在我身邊，我看著牠熟睡的臉，努力吸進牠的味道、牠的呼吸，還有牠的夢。

在我的幻想中（這些精心打造、情節複雜的白日夢我編織了好幾年了），我和莫莉會一起逃家。我們會在樹林裡生活，到清澈的溪流邊舔水喝；我們會在森林中覓食，住在空心的樹幹裡。其他動物都認識我們，我們也認識牠們。我們會花時間仔細觀察，東聞西聞，東挖西挖，盡情探索周遭環境。牠會教我關於這個世界的事，這個真實的世界，軍事基地以外的世界，遠離學校、柏油路、水泥與磚牆的世界。只要牠在我身邊，我就能一窺有關野生動物的秘密。

雖然我們住在軍事基地裡，後來又搬到枯燥乏味的郊區，但我知道外面有個生氣蓬勃、綠意盎然、熱鬧喧嚷的世界，這個世界每天都在呼吸，還有很多小鳥、昆蟲、烏龜、魚、兔子和鹿，大家都為了生活忙得團團轉。我是從《野生動物王國》（Wild Kingdom）及《雅克庫斯多的海底世界》（The Undersea World of Jacques Cousteau）之類的書和電視節目上得知這些事的，我之所以相信，是因為莫莉能聽見、聞到這個世界。這個真實的世界，這個我深愛的世界，這個超出平凡人類感官限制的世界。不過這只是暫時的。我相信，有一天我們一定會逃離這個地方，到野外自由徜徉，最後莫莉會在那裡跟我分享牠神奇的動物力量。

勇敢地向未知敞開胸懷

鴯鶓三兄弟

我獨自一人蹲坐在長滿荊棘的澳洲內陸沙漠中，身邊只有風聲及乾癟的冬季灌木叢相伴。突然間，我意識到自己不是一個人。還有其他人在這裡。

那年我二十六歲，大學畢業五年，住在離家半個地球遠的地方。之前那五年我幾乎都待在紐澤西州，並於報社擔任記者，負責報導科學與環境相關議題。現在，我正為了研究所的植物學調查報告在澳洲採集小型植物標本。當下我的注意力全放在工作上，除了小刀切斷根莖的聲音外，耳邊只有風吹過發育不良的尤加利樹林（又叫桉樹）和低矮灌木的沙沙聲，直到某個東西讓我分心為止。我抬起頭，發現眼前出現了三隻體型龐大的鳥，每一隻都跟成年男子一樣高，牠們正悠哉地越過褐色草原，而且離我很近，大概不到五公尺。

是鴯鶓。這些不會飛的巨鳥身高大約一百八十公分，重達三十四公斤，跟袋鼠一樣是澳洲國徽上的代表動物，象徵著這片遺世獨立的南方大陸。鴯鶓的外型既像鳥類又像哺乳類，其中還參雜了一點恐龍的特徵。圓滾滾的軀幹兩側垂掛著粗硬蓬亂的棕色羽毛，看起來就像頭髮；細長的黑色脖子如潛望鏡般從身體往上延伸，末端綴著像鵝一樣的鳥喙；至於身上冒出來的翅膀其實只是退化的殘肢而已，很像事後才貼上去的，有點好笑。除此之外，鴯鶓那雙微微後彎的腿非常強壯，一小時能跑將近六十五公里，只要輕輕一踢，就能踢斷其他動物的脖子或劃破鐵絲網。

牠們的出現讓我大為震驚，彷彿有股電流從頭頂竄到脊椎。我以前從來沒有近距離接觸過這麼大的野生動物，更別說是一個人在異國荒漠和牠們不期而遇了。我內心的讚嘆遠大於恐懼。牠們抬起覆滿鱗片的長腿，收攏具有恐龍特徵的巨型腳趾，然後再度放下。我呆呆地蹲在原地，懾服於牠們的力量、優雅和不可思議。牠們一邊走，一邊啄食草葉，細瘦的脖子不斷往前低傾，呈現出優美的S形；接著牠們從我身旁經過，越過隆起的沙脊，最後那三個宛如乾草堆的身體融入褐色的圓形冬季灌木叢，消失得無影無蹤。

牠們離開後，我感覺到內在心靈有了小小的改變，但我不知道自己剛才瞥見的只是另一種生活的開始，這個生活不但遠離常規，而且完全超乎我的想像。當時的我不可能明白這些事，但那三隻奇特的巨鳥替我打開了未來的大門，帶我踏上莫莉啟發我、鼓勵我走的命運之路，也讓我覺得自己有生以來第一次真正勇敢的行為非常值得，一切煎熬都得到了上百萬倍的回報，而這個行為就是：離開所有我深愛的人事物。

我離開美國的時候，幾乎所有人都認為我瘋了。雖然我父親再三保證，搬到國外住能消滅我體內蠢蠢欲動的「旅行蟲」，但我母親還是很震驚。我辭去了薪資優渥的工作，展開這段職業生涯時，我還是就讀新聞學系的大學生，我從必須跑九個鄉鎮的菜鳥記者開始做起，逐漸累積年資和經驗，好不容易才達到目標，負責自己想要的採訪區域。大學時我主修新聞學、法文和心理學；大學畢業一年後，我就在紐澤西這個面臨嚴重環境問題、急需調查，而且科學家和工程師人數比國內其他州還多的地方撰寫科學、環境與醫學相關報導。

我通常一天工作十四個小時，週末也不休息，而且總是想做更多。這份工作不僅帶來了獎項、升遷和自由，也讓我認識許多優秀的編輯、聰明的同事和好朋友。與此同時，我和五隻雪貂、兩隻愛情鳥和一位傑出的作家、也是我深愛的男人霍華曼斯菲爾德（Howard Mansfield，我們是在大學時代認識的）一起住在森林小木屋裡。我覺得自己很幸福、很快樂。

接著，一個禮物改變了我的人生。在《信使報》（Courier-News）工作五年後，我心目中永遠的英雄、已從軍隊退休的父親給了我一張飛往澳洲的機票。我一直都很想去澳洲。在偏遠及孤立環境的形塑下，澳洲的動物完全超乎想像。例如袋鼠會帶著育兒袋裡的寶寶，用兩隻腳跳來跳去，跟用四隻腳小跑步的鹿和羚羊不一樣；針鼴，一種全身覆蓋著羽毛的卵生哺乳動物，會用像鞭子一樣黏黏的長舌頭舔螞蟻吃；還有擁有河狸尾巴和鴨喙的鴨嘴獸，牠們會用踝關節上的毒刺來保護自己。

我不只想看那些動物，我想研究，如果可以的話，甚至是幫助這些我能從牠們身上學習的動物。我找到一個位於麻薩諸塞州的非營利組織，這個組織主要媒合支薪業餘人士與全球科學及保育計畫，提供適合工作者個人行程的「公民科學探險」，每個專案期程都只有短短幾週。我報名了一個地點在澳洲南部的計畫，內容是在布魯克菲爾德保育公園（Brookfield Conservation Park，距離阿得雷德市區車程大約兩小時）裡協助布魯克菲爾德動物園（Brookfield Zoo）的保育生物學家潘蜜拉帕克（Pamela Parker）博士研究瀕危的南方毛鼻袋熊。

我們很少看到袋熊。袋熊長得很像無尾熊，只是牠們不住在樹上，而是住在洞穴裡；另外，袋熊會挖穿堅若磐石的土壤，建造巢穴，而且牠們生性害羞，所以大多時間都待在長長的地下隧道裡。即便如此，有時我們還是能看到袋熊在遠方的洞穴土堆上曬太陽，享受午後的陽光；有時我們會捕捉牠們，評估一下情況，但大多時候只是調查牠們的棲息地，標記巢穴的位置，還有計算乾乾的正方形糞便好估計牠們的數量。不過我們每天都能看見袋鼠，每看到一次，我就驚嘆一次。從經常出現在我帳篷裡、如拳頭般大小的狼蛛，到在乾燥紅土沙漠中奇蹟似存活下來的相思樹，研究區域中的每一種生物、植物和動物都是一個新的世界。晚上我們會在有尤加利香味的營火上煮晚餐，在低矮的澳洲內陸樹木下搭帳篷睡覺；早上我們會望著一大群沐浴在晨曦中的灰色和粉色鸚鵡。我在這裡體驗到了小時候無比珍惜的那個夢：住在野外，盡情探索動物的奧秘。

我非常認真、非常努力地進行研究，為期兩週的計畫結束後，我不得不面對回美國工作的現實。帕克博士提出了一個建議。雖然她沒辦法聘請我擔任研究助理，也沒辦法負擔我從美國飛到澳洲的機票，但如果我想繼續針對布魯克菲爾德公園裡的動物進行獨立研究，她很樂意包辦食宿，讓我住在她的營地一起分享食物。

於是我就回家了，但只是為了辭職，好住進位於澳洲內陸的帳篷裡。

「搬到澳洲尤加利樹叢裡生活」和我「住在野外森林」的兒時夢想之間有一個非常大的差異。在我的童年幻想裡，我身邊有一位能替我指引方向的導師。現在莫莉已經不在了。我讀高二的時候，牠窩在那張掛著床幔的小床上，於睡夢中安詳離世。我不過是一個普通、孤單、迷失方向又毫無經驗的人類，如今還有誰能引導我進入未知的世界，探究奇妙的動物力量呢？

我不知道要研究什麼，所以就從協助他人研究開始著手，例如我第一次看到鴯鶓的那一天，就是在替一位研究生採集植物標本。通常營地裡一次只有六位研究人員，有時我也會幫另一位女性尋找外來種狐狸的蹤跡。保育公園的前身是座牧場，當時遺留了不少帶刺的倒鉤鐵絲網，有一天，我們為了幫帕克博士標記袋熊的巢穴位置，開始動手拆除這些鐵絲網，就在這個時候，我又看到了那三隻鴯鶓。

牠們無聲無息地出現在公園一角，距離我們大約四百五十公尺遠，正在啄食一簇藏在尤加利樹裡、看起來就像鳥巢的低矮槲寄生。震驚感如雷射光般再次螫著我的頭頂。

專心！我們帶著相機和望遠鏡悄悄靠近，然後彎著身躲在樹叢後方，打算等到我們覺得牠們應該沒有在看這邊時再起來。可是鴯鶓一直在看我們，鳥類的平均視力比人類好四十倍。我們雙方距離大約九十公尺的時候，其中一隻鴯鶓突然挺起身體，黑色的脖子向上伸展，直直朝我們走過來；距離二十三公尺左右時，這隻禿頭巨鳥就轉身跑走了。我注意到牠揚起尾巴，同時排出大量稀軟的水狀排泄物。之後那三隻鴯鶓就不管我們，自顧自地越過沙脊，悠閒地散步離開了。

我仔細觀察那些排泄物，發現裡面有很多綠色種子。是槲寄生的種子！就在這一刻，我知道自己要研究什麼了。鴯鶓是重要的種子傳播者嗎？牠們會吃哪些植物？鴯鶓的排泄物能讓種子發芽、長得更好嗎？

我花了很多時間在澳洲內陸四處漫步，尋找「鴯鶓便便」。對我來說，這些排泄物可能蘊藏了許多有用的資訊，就像外星人拋棄的太空船燃料裝置一樣珍貴。我會把糞便蒐集起來裝進袋子裡，然後使盡吃奶的力氣把袋子拖回營地，試著辨識裡面的種子，接著把一半種子放回糞便裡，另一半則放在濕紙巾上進行觀察，看看哪邊的種子長得比較好。

我呆呆地蹲在原地，
懾服於牠們的力量、
優雅和不可思議。

那天是個格外晴朗的日子。在一天即將結束之際，我停下腳步，坐在一截倒下的樹幹上休息。我看著紫虹琉璃蟻慢慢爬上我的靴子，覺得自己好自由、好快樂。我的「遊蕩」終於有了更深層的科學價值。

就在我把目光從螞蟻身上移開、抬起頭的那一刻，我又看到鴯鶓了。牠們正在吃草。我迅速彎身躲進樹叢後方，希望自己能在不被發現的情況下多看牠們一眼，可是來不及了，牠們早就看到我了。其中一隻鴯鶓直直地朝我走過來，到距離大約二十三公尺左右的時候，牠就飛也似地奔跑，直衝進我的視線，然後猛然停下來。另外兩隻也默默靠近，做出相同的舉動。三隻巨鳥就這樣靜靜地站在那裡，好像在等什麼。

這是挑釁？邀請？還是試探？牠們一定在想：我危不危險？我會去追牠們嗎？如果會的話，我能跑多快？

我突然意識到，想躲起來是沒用的。我記得珍古德（國家地理頻道將她知名的黑猩猩研究製作成紀錄片，也讓她成為我小時候心目中的女英雄）也得出這樣的結論。她沒有試著偷瞄那些作為研究主體的動物，相反的，她以謙遜坦率的姿態出現在黑猩猩面前，直到牠們對她的存在感到安心、自在為止。

自此之後，我每天都穿一模一樣的衣服：我父親的綠色舊陸軍外套、藍色牛仔褲和紅色方頭巾。我想讓那些鴯鶓知道：這裡只有我，我沒有惡意。我想牠們應該早在我看到牠們之前就已經先看到我了。

那天過後，我遇見牠們的頻率變多了。很快的，我幾乎每天都能發現牠們的蹤跡。過了短短幾週，我就能跟在牠們後面，而且距離大約只有四點五公尺，近到能清楚看見牠們的眼睛，近到能看見紅褐色的虹膜、黑得像無底洞一樣的瞳孔，還有藏在羽毛下的骨幹，以及牠們吃的那些植物草葉上的葉脈。

分辨那三隻鴯鶓對我來說輕而易舉。其中一隻右腳上有一道長長的疤，我就把牠取名叫「壞腿」（Knackered Leg，knackered 這個字是我從一位動物園管理員那裡學到的澳洲俚語，有搞砸、混亂或累壞的意思，後來我才知道原來這個字比我想的還要粗魯），可能因為腳受傷的關係，牠是三隻裡面最常坐下的；「黑頭」似乎是這個小團體裡面最自以為是的一隻，也最常當領頭的老大，我很確定第二次遇見牠們的時候，那隻直直朝我們走過來的就是牠；至於

「禿脖」的頸部有一塊白色斑點，那裡的黑色羽毛特別稀疏，而且牠比較膽小，很容易受到驚嚇，每次只要有車子靠近或是開始颳風的時候，牠都會第一個跑走。

不知道為什麼，我自動把這三隻鴯鶓想成男生（原因跟牠們的身體結構完全無關）。就活生生的鴯鶓來說，除非等到牠們下蛋，否則人類完全無法辨識牠們的性別，但我就是沒辦法用無性的觀點來看待這些令人驚嘆的生命體。牠們的脖子上並沒有象徵鳥類成熟期的青綠色斑點，所以我知道牠們不是成鳥；另外，我很確定牠們三個一定是手足，而且幾週或幾個月前才離開父親的照護（母鴯鶓生下墨綠色的蛋後，公鴯鶓會負責孵蛋、照顧多達二十隻雛鳥）。就像我一樣，牠們才剛開始探索這個世界。

我心想，牠們整天都在做什麼呢？有一次，我趁著難得去阿得雷德的機會到大學圖書館找資料，發現從來沒有人發表過關於野生鴯鶓群體行為研究的科學論文。於是我一邊進行種子發芽實驗（沒錯，那些經過鴯鶓腸胃洗禮的種子確實長得比較快），一邊將焦點轉移至新的研究工作，紀錄鴯鶓的日常生活。

我擬出一張行為清單，上面包含走路、跑步、坐下、進食、閒晃、理毛等活動，並以三十秒為間隔，用清單紀錄三隻鴯鶓個別的行為舉止，持續觀察半小時，接下來的半小時則進行敘事描述。我每天就這樣利用不同的研究方法來回觀察，從發現牠們的那一刻紀錄到牠們超出我視線範圍的那一刻（這是牠們一貫的作風）。我很討厭看到牠們離開，但我從來沒有試著尾隨或追著牠們跑，因為這麼做完全沒意義。

這些鴯鶓讓我深深著迷，就連牠們最無聊的活動我都覺得很有趣。牠們坐下的方式對我來說是個大發現。首先，牠們會彎下「膝蓋」（鳥類那個看起來像膝蓋的地方其實比較類似人類的腳踝），接著出乎我意料的是，牠們會將彎曲的腳貼近胸口！當時我並不知道牠們有兩種不同的坐姿。牠們站立的動作同樣讓我大吃一驚。站起來的時候，牠們會先往前傾，利用脖子和胸口的肌肉拉動身體，變成跪姿，最後以蹲坐的姿勢站起來。

看到牠們喝水也很令人意外，意外到我當初根本沒有想過要把這件事列入行為清單。幾週前，澳洲內陸下了一場罕見的大雨，之後我看到牠們跪在路上，用鳥喙從水窪裡舀水喝（而且舀了滿滿一大口）。許多在沙漠中生活的動物都不會直接喝水，而是從食物中攝取水分，因此我完全沒有料到自己會看見這幅景象。

除此之外，鴯鶓用鳥嘴理毛的方式不但令人眼睛一亮，看了也很療癒，有種深深的滿足感。我真的好愛看牠們整理那些細長的棕色羽毛。看著牠們漫不經心地用鳥喙梳理羽毛上的小羽枝，讓我想起從前那些灑滿陽光的午後，我窩在沙發上，奶奶則輕輕地幫我梳頭髮。我可以想像牠們梳理羽毛時有多舒服。這個寧靜又親密的舉動引起了我的共鳴，讓我得以分享牠們的快樂。

颳風的日子裡，大風會吹亂牠們的羽毛，這時牠們會開始跳舞，朝天空猛甩脖子，用強壯的腳踩踏地面，激起陣陣塵埃。我有種感覺，牠們這麼做是為了純粹的歡樂，想讓自己開心而已。鴯鶓也是很有幽默感的。有一天，我看著牠們走向巡邏員用狗鍊栓在家門外的狗。狗狗歇斯底里地狂吠，但黑頭不改牠的大膽本色，聳起肩膀繼續進逼，直直走向那隻壓力爆表的狗。雙方距離大約六公尺左右時，黑頭突然向前舉起殘餘的翅膀，細長的脖子猛地往上竄，然後雙腳一蹬躍到空中。牠一而再、再而三地不斷重複這套動作，持續了大概四十秒左右。過沒多久，另外兩隻也加入牠的行列，害巡邏員的狗大抓狂。就在這個時候，三隻鴯鶓一起在狗狗的視線範圍內猛衝，跑了將近兩百七十五公尺，接著突然坐下來開始理毛，彷彿在慶祝自己惡作劇成功。我很佩服生性害羞的禿脖和受傷的壞腿，覺得牠們倆很勇敢，同時我也意識到，身為領導者的黑頭一定給了牠們很大的鼓勵和信心，讓牠們知道自己有能力逗弄掠食者。

鴯鶓三兄弟很清楚牠們是一個群體。只要有一隻到處晃蕩，不小心離其他兩隻太遠，那隻脫隊的鴯鶓就會抬起頭觀察四周、評估環境，然後快步（或小跑步）奔向群體，把距離拉近到大約二十三公尺左右。一個月後，我和黑頭之間的距離已經可以拉近到大約一點五公尺，壞腿和禿脖則是三公尺。

同樣的，我也向黑頭尋求指引。只要能引起牠的注意，我就能試著透過眼神判斷牠當下的想法和感受，看牠願不願意讓我繼續跟著牠們。某種意義上，我是在徵求牠的同意；換句話說，承認牠是群體中的領導者也讓牠變成了我的領導者。

有時黑頭會直視我的雙眼，我也靜靜地回望著牠。雖然我穿著髒兮兮的衣服，頂著一頭跟流浪狗身上的毛一樣瘋狂打結的亂髮，但這隻不會飛的奇異巨鳥凝視著我的眼神，讓我這輩子第一次覺得自己很美。

每天晚上我都會蜷縮在睡袋裡心想，鴯鶓三兄弟會睡在哪呢？還是牠們只會小憩一下？其中一隻會負責站崗守衛嗎？牠們會跪著、坐著還是站著睡？說不定鴯鶓跟麻薩諸塞州的山雀一樣是單腳站立著睡？牠們會把黑色的頭埋進殘餘的翅膀底下嗎？

有時我會在凌晨四點起床，看看能不能發現熟睡的鴯鶓三兄弟，可是我從來沒遇過。有天傍晚，牠們並沒有像平常一樣狂奔。我跟在牠們後面，看著那三個身影走向四棵低矮的尤加利樹，在濃密的樹蔭下坐了下來，而且全都面向同一個方向。這時天色已經接近全暗，夜空中還漾著橘色和紫色的夕陽餘暉。我也坐了下來，很高興自己能和牠們在一起。黑暗逐漸籠罩四周，我突然意識到自己完全沒有在蒐集數據。我打開手電筒紀錄當下的時間，就在這時，鴯鶓三兄弟猛地跳起來，飛也似地跑走了。

我繼續跟著牠們、觀察牠們，就這樣過了一天又一天，而且每天都很快樂。我累積了好幾千頁的數據資料，覺得自己正在做對科學有貢獻、有意義的事。將來有一天，我會細細咀嚼這些數字，歸納出鴯鶓用於散步、進食、閒晃和理毛等活動的時間比例，完成過去從來沒有人做過的事。

由於我答應要到別的地方幫忙挖化石，因此便在行前訓練一位志工，讓他在我不在時繼續追蹤鴯鶓，蒐集相關數據。她看起來能力很強，也很有決心，但要是她漏了什麼、忘了什麼怎麼辦？挖化石真的很棒又很有趣，可是我整天都在擔心鴯鶓研究的事，最後還提早一天離開挖掘現場，趕回保育公園。

回到營地後，我發現那位志工蒐集了上百頁的數據，追蹤鴯鶓的任務也做得很好。我簡單瞄了一下那些紙張，隨後就出發尋找鴯鶓。那是個颳風下雨的傍晚，鴯鶓三兄弟看起來非常不安，牠們先慢跑，接著全速快跑，跟他們平常在這種天氣下會做出的舉動一樣。我打破自己的原則試著去追牠們，但牠們很快就消失在陰暗的暴風雨裡。雨點逐漸轉為冰雹，我只好匆匆躲進樹叢，任憑淚水沿著臉頰滾落。

我忽然意識到，我要的不是鴯鶓的數據。我只想和牠們在一起。

對無薪工作來說，六個月是很長的時間。我的計畫一直都是在澳洲內陸待半年，然後就回美國。我很快就要整理帳篷、打包行李，搬到新罕布夏州的小鎮，住進霍華為我們小倆口租的、由馬車屋改建而成的房子。離開保育公園的前五天，我發現鴯鶓三兄弟坐在一大片美麗的野芥菜田附近。壞腿抬起頭看著我一步步走向牠們，黑頭和禿脖也昂起脖子，轉過來看著我。我猜是因為風大到能把牠們吹倒，所以牠們才坐著。我趴在地上，試圖降低強風所帶來的影響，牠們則爭先恐後地咬了滿嘴野芥菜，開始大快朵頤。狂風逐漸平息，到了中午，我們又開始移動，慢慢朝著我第一次遇見牠們的地方走。我們穿越了一大堆滿是尖刺的植物綠海，跨過保護區的主要幹道。一輛卡車從我們身旁經過，可是牠們並沒有被嚇到。我走在距離黑頭大約一公尺的地方，迎上了牠的目光，接著我轉頭望向禿脖和壞腿。我之前從來沒有見過牠們三個這麼安詳、這麼平靜。我心想，該不會是今晚吧？

今天晚上沒有月亮。難道我終於能看見牠們睡覺了嗎？

接近日暮時分，牠們既沒有慢跑，也沒有快跑。我們走進一大片我之前從沒來過的濃密灌木叢區。我只看見壞腿在陰暗的樹叢裡，就在距離我大約一點五公尺的地方。我們彼此熟識後這幾個月，他的傷口復原狀況好得驚人，但我對牠總是有種特別溫柔的情感，牠願意信任我、讓我在黑暗中離牠這麼近，對我來說有很重要的意義。我可以聽見黑頭和禿脖的腳步聲，牠們正踩著穩定的步伐到處走來走去。

我看不見手錶和數據紀錄表。就連夜空中的點點繁星也被厚重的雲層吞噬了。我聽見鴯鶓坐了下來。咚——牠們跪著。咚——牠們把腳貼近胸口。我聽得見，可是卻看不見牠們在做什麼：牠們如盔甲般堅硬的腳在身體下動來動去、扭成一團；牠們一邊用鳥喙梳理羽毛，一邊發出舒服的呼嚕聲。剎那間，一切歸於寂靜。數據對我來說一點也不重要，重要的是，這個黑暗的世界非常安全，鴯鶓三兄弟在睡覺，我們四個緊緊地守在一起。

離開的前一天，我從清晨就一直跟著牠們，直到夜幕低垂。我迫不及待地想回到霍華身邊，也很期待跟我的雪貂、愛情鳥和朋友相聚，但一想到要跟鴯鶓三兄弟說再見，我的心都碎了。真希望我能讓牠們知道自己給了我什麼：撫慰人心的平靜，就像牠們理毛時所感受到的安寧一樣；充滿活力的喜悅，就像牠們在風中起舞時不斷律動的頸部一樣；還有飽飽的滿足感，就像牠們吃了一肚子的槲寄生一樣。

我在澳洲內陸學到了很多，例如行為研究的方法，以及在野外上廁所時不尿到鞋子的小撇步等等。在灌木叢裡住了六個月後，我知道自己再也回不去了，我永遠無法回到過去那個急忙套上絲襪衝進辦公室工作和應付老闆的日子。我很清楚，我會用剩下的人生撰寫動物的故事，去到牠們引領我去的地方。莫莉拯救了我的人生，讓我看見自己的命定；鴯鶓三兄弟踏著牠們以不可思議的方式往後彎的長腿帶著我一起漫步，走上這條奇妙的路。

我從鴯鶓那裡蒐集到的數據雖然新鮮，但也沒那麼令人意外。我沒有像珍古德在黑猩猩身上發現的那樣看到牠們使用工具，或向其他鴯鶓群體開戰；不過在我和牠們相處的最後幾個小時裡，我意識到一件後來證明對身為作家的我來說非常重要的事。想了解動物的生活除了需要旺盛的好奇心、相關技巧與智識能力外，在我看來，也需要喚醒我和莫莉之間的情感連結。我不僅要敞開胸懷，還要敞開自己的心。

去愛生活給予的一切 克里斯多夫

我和霍華在新罕布夏過著非常豐富的生活。我們很愛這裡的樹林與濕地環境，也很喜歡短暫卻炎熱的夏天、火紅的秋葉及覆蓋著皚皚白雪的冬季。職業方面，我們倆都開始當自由工作者：除了前往紐西蘭替雜誌撰寫有關負鼠與巨型昆蟲的文章外，我也去了加州和夏威夷進行動物語言研究，並在《波士頓環球報》（*Boston Globe*）開了一個自然專欄；霍華則定期為《洋基》（*Yankee*）、《歷史保存》（*Historic Preservation*）、《美國傳統》（*American Heritage*）等雜誌與多家報社撰稿。我們住在名為新伊普斯威奇（New Ipswich）的小鎮上，房子就座落於小鎮主街，是一棟由馬車屋改建而成的小型住宅，我們很快就跟房東（一對老夫婦）變成了好朋友。等到這棟小屋再也裝不下與日俱增的藏書和檔案資料後，我們便搬到隔壁一個名為漢考克（Hancock）的小小鎮，住進一座占地超過三公頃、足以容納一個大家庭的農莊。農莊裡有一條小溪、一座穀倉和一大片圍著柵欄的田野。小時候跟著軍隊不斷搬遷的我覺得自己終於找到一個家了。

我們開心地慶祝霍華出版了第一本書《大都會》（*Cosmopolis*，一本描繪未來城市的書），而我也順利簽下生平第一紙出版合約，這本書不僅是為了向我童年心目中的女英雄，也就是靈長類動物學家珍古德、黛安弗西（Dian Fossey）和碧露蒂嘉蒂卡斯（Birute Galdikas）致敬，更促成了後來的東非與婆羅洲研究之旅。我們在朋友的農場裡舉行婚禮，一共有三十個人、四匹馬、三隻貓、一隻狗和一匹新生的小馬出席。

可是接下來一切都變調了。

我們住的房子要出售。跟我簽約的出版商突然取消合約。即便如此，我還是去了非洲，並在那裡進行為期兩個月、橫跨三國的研究探險，可是旅程即將結束之際，珍古德卻沒有像之前答應的那樣在她偏遠的營地中和我碰面，只剩我孤零零地滯留在當地，更慘的是，我手邊還少了撰寫第一章所需的場景和內容。最令人痛心的莫過於我父親，我的英雄，在這段期間死於肺癌。我覺得自己就快要失去一切，我的家，我的書，我的父親，一切的一切都消失了。

這看起來似乎不是領養動物寶寶的好時機，更別說是我們完全不熟悉的物種了。不過，在一個灰暗陰沉、疾駛的輪胎會把結霜的泥土噴得整車都是、殘雪看起來就像濕答答的衛生紙的三月天，我們開著車走過泥濘的道路，準備回到隨時都有可能售出的家，而我的大腿上有個鞋盒，裡面裝了一隻病懨懨的黑白斑點小豬。

同意把小豬帶回家的人是霍華。隔壁鎮的農夫友人打電話來的時候，我正在維吉尼亞州照顧我父親。他們養的可愛母豬生了一大群活力充沛的小豬，但也有幾隻比較虛弱、比較瘦小，其中最小的體型連其他豬崽的一半都不到，而且還染上了所有穀倉中常見的病菌，不但眼睛分泌物很多，也有腹瀉和體內寄生蟲的問題。他們把這隻豬寶寶取名叫「斑斑」。斑斑需要非常多的照護和關愛，一般的農夫可能沒時間專心照顧牠；再說，就算牠恢復健康，市場上也沒人想買這麼瘦小、不具食用與販售價值的豬（至於跟牠同一窩出生的兄弟姐妹的宿命，就是躺在食品冷凍櫃裡）。我們可以收養牠嗎？

通常霍華接到類似的電話都不會跟我說，他也不讓我去本地的動物收容所服務，怕我最後會把所內一半的動物帶回家。我們搬到漢考克後就沒有養雪貂了，只剩下兩隻愛情鳥、一隻被主人拋棄的雞尾鸚鵡、一隻無家可歸的深紅玫瑰鸚鵡，以及房東那隻愛撒嬌又愛玩的灰白貓。現在霍華急著想讓我振作起來，而他能想到的最好的方法就是領養一隻豬寶寶。

由於我們很喜歡知名指揮家與古典音樂學院創辦人克里斯多夫霍格伍德的作品，每次只要新罕布夏公共廣播電臺播他的樂曲，我們都聽得很開心，因此最後決定用他的名字替小豬命名。我們希望能給這個小傢伙一點愛和溫暖，讓牠不再被一大群餓壞的兄弟姐妹推開，搶不到食物吃。

不過我們從來沒養過豬。事實上，除了之前養的雪貂生的寶寶外（而且雪貂媽媽會自己照顧孩子），我們從來沒撫養過任何寶寶。我們甚至不知道克里斯多夫能不能活下來；就算他活下來了，我們也不知道他會長到多大；再說大部分的豬都會在六個月大時被宰殺吃掉，我們也不知道他能活多久。

但最大的驚喜是，從這隻體弱多病的小豬跟著我們回家的那一刻起，牠就開始療癒我，撫平我內心的傷痛。

「噯。噯！噯！」只要牠那對毛茸茸的耳朵聽見我一步步接近穀倉，克里斯多夫霍格伍德就會大聲叫我，聽起來好像等不及要見到我了。一看到彼此，我們就會一起發出開心的尖叫。我會推開我們用托盤和繩子自製的臨時柵門走進豬圈，然後坐在木屑與乾草堆上用手餵牠吃早餐。

接著，克里斯多夫會用牠奇妙的圓鼻子仔細調查草坪，同時不斷發出咕噥聲進行實況報導；等到牠走累、不想玩了之後，我們就會返回豬圈，牠會用濕答答且強壯到不可思議的口鼻部推我、鑽進我的臂彎裡，我們倆就這樣緊緊地依偎在一起，度過美好的早晨時光。

克里斯多夫是我這輩子見過最可愛的寶寶。牠有一對迷人的耳朵（一隻是黑色，一隻是貝殼粉色），一個熱愛探索的粉紅圓鼻，一隻眼睛上覆蓋著黑色斑塊，看起來就跟熱門啤酒廣告裡的虛構狗明星麥肯錫一樣，而且四隻豬蹄還迷你到可以站在二十五分硬幣上。想想看，一隻可以塞進鞋盒裡的豬耶！不過雖然牠的體型很小，個性卻很鮮明。牠不但樂觀陽光，擁有豐富的好奇心，就連溝通技巧也很棒。我們很快就明白該怎麼解讀牠的需求：「嚄。嚄！嚄！」表示「快點過來，快！」；「嚄？嚄？嚄？」是「早餐吃什麼？」；緩慢深沉的「嚄。嚄。嚄。」是要我去揉牠的肚子，「嚄嚄嚄——」表示搔到癢處，非常舒服；至於「咿！」這種尖細的叫聲則是「興奮」的意思（雖然高音通常意味著壓力）。克里斯多夫看到霍華時會發出非常特別的咕噥聲向他打招呼，對我則會發出音調稍高一點的叫聲，然後用小小的蹄抱住我。我真的好愛好愛牠，愛到我都怕了。

遺憾的是，我爸媽不懂我看著豬寶寶時的那種喜悅和快樂。他們非常生氣。我沒有變成他們想要的樣子。讀大學的時候，他們勸我參加軍隊訓練。我一口拒絕。他們在華盛頓特區的美國陸海軍城市俱樂部和美國陸海軍鄉村俱樂部替我保留了會員位置，希望我能在那邊遇見適合的另一半（他們希望女婿也是軍人），但我從來沒去過。我選擇共度一生的男人似乎成了壓垮他們的最後一根稻草。頂著一頭濃密鬈髮、觀點前衛的霍華完全不符合他們心目中「門當戶對的軍官」形象；除此之外，他是猶太人，我則是衛理公會的教徒；霍華家屬於中產階級自由派，我們家則是富裕階級保守派。婚禮結束後那一週，我父親寄了一封非常惡毒的信給我，表明他要正式跟我斷絕父女關係，還把我比喻成莎士比亞在《哈姆雷特》裡描繪的那條蛇，說「那條巨蛇毒害了你的父親」。對我的父母來說，我就跟外星人沒兩樣。

過了將近兩年，我從住在加州的姑姑那裡聽說父親病了，雖然之前有種種不愉快，我還是立刻衝到機場搭上飛往華盛頓的班機，準備到華特里德陸軍醫學中心看他，陪伴他度過初次肺部手術的術後復原期。他和我母親都很高興看到我出現在醫院裡。之後每次只要我回去，他們都很開心，可是他們完全不歡迎我先生出現在他們家，甚至不希望他來參加我父親的葬禮。雖然父親過世時我陪在他身邊，但他從來沒有說過他原諒我，我母親也無法接受我的人生和他們的人生截然不同。

不過，我和克里斯多夫之間的差異（例如牠是四足動物，我是兩足動物；牠有蹄，我沒有蹄等等）並沒有影響到我們的感情，這點和我的人類原生家庭完全不一樣。牠是一隻豬，這就是我喜歡牠的原因，就像我愛莫莉不是因為牠的行為像狗，而是因為牠就是狗。再過不久我就會明白，克里斯多夫也用寬容大度的心全然接納，或許也原諒我只是個普通人。

除了身體上的差異外，克里斯多夫還有一個重要的特質和我明顯不同。我很害羞，牠不會。牠是個很喜歡有人陪的外向小子，而且經常逃出豬圈尋找同伴。我們已經用彈力繩打了一大堆結來固定豬圈的臨時柵門，但克里斯多夫卻用牠聰明的腦袋及充滿彈性的鼻子和嘴唇成功鬆開繩結。牠實在是太想去找鄰居串門子了。

「我們家草坪上有豬耶！是你們的嗎？」我常常接到這種電話，只能衝出門去把克里斯多夫帶回家，有時我甚至會穿著睡衣、頂著亂髮（這種狀態好像不太適合出門交際，尤其是跟那些不太熟的鄰居）去接牠。不過鄰居都很歡迎我，因為我到的時候，克里斯多夫早就擄獲他們的心了。他們會抓抓牠的耳後、揉揉牠的肚子，或是餵牠吃點心，然後興奮地大叫：「牠好可愛喔！好親人！」他們都很想了解克里斯多夫，想知道所有關於牠的一切。

以前我都會詞窮，不知道該怎麼開話題聊天，大多數人在聊的事情我都不懂，像是小孩啦、車子啦、運動啦、時尚啦、電影啦……等等，可是現在，就連參加我最害怕的派對，我都有東西跟別人分享，例如聰明的克里斯多夫是怎麼想辦法逃出豬圈的；豬不僅會認人，多年後也不會忘記對方；克里斯多夫超愛西瓜皮，超討厭洋蔥，吃東西時不會狼吞虎嚥，反而會非常謹慎、小心翼翼地用嘴唇舀起碗裡的食物，一口一口慢慢吃。「那你們之後會對牠怎麼樣嗎？」很多人都會問這個問題。「我吃素，我先生是猶太人，」我解釋道。「我們絕對不會把牠殺來吃，但我們可能會把牠送到國外提供大學研究……」接著我們會邀請大家來參加所謂的「晚餐秀」。如果他們自帶廚餘（像是不新鮮的貝果、多的起司通心粉和冷凍冰淇淋之類）來的話，就可以親眼看克里斯多夫把那些食物吃掉。這個活動每次都很歡樂。美國人不喜歡浪費，再加上「看克里斯多夫開心吃東西」的消息迅速蔓延，很快的，原本還是陌生人的鄰居都變成朋友了。

克里斯多夫出現的時間點非常完美。之前的農莊所有人發現土地面積和原先的三公頃有出入，導致用地從兩塊變成一塊，價格也跟著下降，所以我和霍華便奇蹟似地買下了我們住的這棟房子，成為鎮上的地主。一隻正在發育的小豬讓我們和心愛的家緊緊連繫在一起，我們就像大多數準備定下來的夫婦一樣，決定是時候該添加成員，建立一個大家庭了。

搶先加入的是幾個可愛的女孩。有位交情很深的好友送了我們八隻自己一手養大、具有性聯遺傳（亦即遺傳基因位於性染色體上的遺傳現象）特質的黑母雞當作喬遷禮物。這些母雞看起來就像一小群教會修女（假如修女有鮮豔的紅色雞冠、橘色眼睛和覆蓋著鱗片的黃色爪子的話），在農莊裡自由漫步，挖掘小蟲，用輕快的咯咯聲喃喃低語；只要我們一出現，牠們就會衝過來迎接、要點心吃，或是蹲坐在我們面前討摸討抱。

牠教會了我們如何去愛。如何去愛生活所給予的一切，就算是廚餘也一樣。

緊接著來到家裡的是黛絲。黛絲是一隻優雅的邊境牧羊犬，不但有一身美麗的黑白雙色長毛，還有一段波濤洶湧的過去。邊境牧羊犬是培育用來協助放牧的品種，以獨立、任性、聰明及情感豐沛聞名。霍華一直很想養邊境牧羊犬，但這種狗有個缺點：牠們需要持續不斷的刺激，因此在沒有牛群或羊群可以趕的情況下，牠們會改為追逐昆蟲或校車。黛絲小時候因為在一場非常正式的晚餐中跳上餐桌，結果就被原主人送到我們家附近的動物救援機構，機構管理人就是當地知名的「動物小姐」伊芙琳納格利（Evelyn Naglie）。某個寒冷的冬夜，黛絲正在跟一個小朋友玩，那個小朋友把球丟到大街上，一輛除雪車迎面而來，黛絲就這樣身受重傷，前前後後做了好幾次手術，花了將近一年的時間才恢復健康。之後牠被另一個家庭領養，可是一年後就又被送回來，因為當時經濟很不景氣，原先領養的那對夫婦不幸失去了房產，沒有餘裕照顧黛絲。我們從伊芙琳那裡把黛絲帶回家的時候，牠只有兩歲，卻已經看遍了各種風雨，經歷了一輩子的苦痛、失落和棄嫌。

黛絲是個很厲害的運動員，即便腳上有傷，牠還是能跳到半空中接球或接飛盤。另外，牠還聽得懂很多英文語彙，個性也很溫順。黛絲只有在玩最愛的遊戲時（大概每小時一次）才會展現出任性率真的一面，其他時候牠都很怕得罪人，程度之嚴重大概就跟克里斯多夫的外向活潑差不多。如果我們沒有給出具體明確的指令、特別叫牠去做，牠就不會吃東西或上廁所。牠很願意被摸，但好像不太懂摸摸有什麼意義。牠會連續好幾個禮拜都不叫，好像很害怕在家裡發出聲音。第一次邀請牠上我們的床的時候，牠用不敢置信的眼神震驚地看著我們，等到我們拍拍床單，牠才順從地跳上來，然後又立刻跳下去，彷彿懷疑自己是不是會錯意，我們怎麼可能提出這種要求。

黛絲似乎築起一道高高的心牆，不輕易展現出自己的情緒。我們相信自己一定能改變這種情況。雖然愛無法治癒我父親的癌症，但我親眼見識到愛救了一隻病懨懨的小豬。一歲的克里斯多夫不僅身強體健，胖到一百多公斤，而且還不斷長大。我們的愛一定也能彌補殘酷的過往，撫平那些揮之不去的悲痛和虐待在親愛的黛絲身上所留下的傷。

就跟故事書裡的情節一樣，在黛絲之後出現的是孩子，只是出現的方式很不一樣。

我一直都不想生小孩，這個念頭從我小時候就開始萌芽了。當我發現自己永遠不可能懷上或生出小狗狗那一刻，我就立刻把生小孩這件事從人生清單上刪除。世界上的人太多，已經嚴重超出地球的負荷了。

隨著年紀越來越大，我和霍華身邊的朋友大多都沒小孩，不然就是朋友的孩子都已經成年了。對於沒生小孩這件事我一點也不後悔。三十歲那一年，我很幸運地得到了一份很棒的工作、嫁了一個好老公，有一個很美的家、一隻貓、一隻狗、一群母雞、幾隻鸚鵡和一隻快要兩歲、體重破百的豬。事實上，從純粹的生物質量角度來看，我們的家庭比其他同輩人的家庭大多了。

克里斯多夫來到我們家的第二個秋季，我們決定做點改變，建立新的生活習慣。現在的牠非常強壯，體型大到無法使用牽繩，但我可以用廚餘桶（整個社區都很願意做出貢獻，成為我們的廚餘來源）引誘牠走到後院那片遼闊的「豬豬高原」。黛絲會咬著飛盤小跑步追過來，母雞則成群結隊地跟在後面。

抵達豬豬高原後，我會把廚餘倒出來，把長長的拴繩固定在克里斯多夫的特製胸背帶上，並在牠進食時一邊跟牠說話，一邊丟飛盤給黛絲玩。這就是我們的十月生活風格。克里斯多夫吃到一半突然停了下來，揚起頭，圓圓的鼻子一張一縮，發出低沉的咕噥聲。我抬頭一看，發現兩個金髮小女孩好像被牽引光束吸過來一樣，飛也似地衝向我們。

「是豬！比馬還酷！」十歲的小女孩對她妹妹大喊，接著問我：「我們可以摸牠嗎？」

於是我便示範給她們看——只要揉揉肚子，克里斯多夫就會噗通一聲側躺在地上。女孩們在牠發出幸福的豬叫聲時伸出小手，輕輕地撫摸牠耳後柔軟的皮毛，我則一邊講解，一邊指出豬蹄上的四根腳趾、正在長的豬牙齒和好幾對乳頭給她們看。她們完全被眼前的動物吸引，看得好入迷。

當然啦，克里斯多夫很喜歡有人陪伴，黛絲也跟女孩們玩飛盤玩得很開心。我們聊了起來，母雞則在我們周圍啄食廚餘殘渣。我發現那對小姊妹很快就會住進我們家隔壁的空屋。她們的父母離婚離得很難看，導致她們失去了原本的家。她們本來不太喜歡新家，但現在一切都不一樣了。

從她們搬過來那一刻起，十歲的凱特和七歲的珍每天都會來我們家玩。她們常常帶蘋果和三明治來給克里斯多夫，我很快就發現原來那些都是她們早上出門時帶的午餐（後來小姊妹的母親莉拉跟我說：「我真的不知道我幹嘛幫她們準備午餐，應該直接餵給克里斯多夫吃就好了。」）；有時她們還會堅持用湯匙餵克里斯多夫吃冰淇淋（據她們的說法是冰淇淋凍壞了，不適合給人吃），克里斯多夫則用後腳站立，將前蹄攀在柵門上，然後張大嘴巴耐心地等待一匙又一匙的美味。過沒多久，牠就開始用獨一無二的溫柔咕噥聲向小姊妹打招呼，其他客人都沒有這種待遇。

除此之外，凱特和珍也會替克里斯多夫進行「豬豬水療」。某個和煦的春日，凱特認為克里斯多夫尾巴末端那撮下垂的長捲毛需要好好梳理一下，編成漂亮的辮子。對這兩個即將邁入青春期，家裡到處都是髮圈、聞起來跟泡泡浴一樣香的小女孩來說，梳尾毛梳到最後很難不加點其他東西，湊成一整套豬豬美容療法。

我們不但從廚房裡裝了好幾桶溫溫的肥皂水和大量沖洗用溫水，還用馬兒專用的產品替豬蹄拋光。克里斯多夫泡在一大池肥皂水裡，發出滿足的咕噥聲，顯然非常喜歡這套為牠量身打造的水療；要是水太冷，牠就會叫得跟殺豬一樣，我們只好急匆匆地跑進廚房裝更多舒服的洗澡水。溫水碰到皮膚的那瞬間，牠立刻就原諒我們。

很快的，其他孩子也紛紛加入小姊妹的行列，有些甚至還變成固定班底。幾位和我們感情最好的鄰居總是會在孫子遠從愛荷華州來訪時帶他們來農莊玩。愛荷華州有很多豬，但那些孩子從來沒見過享受水療的豬。除此之外，有位陽光樂觀、名叫凱莉的抗癌少女會在做完化療後特地過來看克里斯多夫。雖然那時克里斯多夫已經長得非常強壯，力氣大到用鼻子輕輕一推，就能推倒整座木柴堆，但牠始終對凱莉非常溫柔。另外兩個住在麻薩諸塞州的男孩和他們的家人會把廚餘放在冰箱保存好幾天，然後帶過來漢考克給克里斯多夫吃。有一次他們帶了剛出爐的巧克力甜甜圈，讓在場的孩子和克里斯多夫一起分享美食。我這輩子第一次發現，原來跟孩子一起玩這麼有趣，我每天都很期待這段歡樂時光。

後來莉拉開始唸研究所，準備考諮商師，展開新的職業生涯；那段期間，凱特和珍下課後會直接過來農莊，一直待到媽媽回家為止。霍華會去看珍踢足球，我會教凱特寫功課；冬天的時候，霍華會到她們家幫忙生火、點亮壁爐，這樣莉拉回到家時，屋子裡就不會冷颼颼的。她們會請我們過去吃晚餐，我們會帶小姊妹去野外郊遊。我們參觀了克里斯多夫出生的農場；我們把在雞舍裡活捉到的臭鼬帶到自然保護區野放；我們去佛蒙特州參加天文營，睡在帳篷裡；我們還一起烤餅乾、看書，度過美好的節慶假期。

我們還沒意會過來，母雞群就已經了解現在的情況了。之前牠們的活動範圍僅限於農莊，現在牠們可以蹦蹦跳跳地越過那堵隔開兩座後院的石牆，恣意地在兩邊遊蕩，好像牠們才是土地所有人似的。不曉得為什麼，牠們就是知道。雖然我們彼此之間完全沒有親戚關係，但多虧了克里斯多夫，這兩個跨物種家庭逐漸合而為一，變成一個大家族。

隨著腰圍不斷增長，克里斯多夫的名氣也越來越響亮。到了五歲的時候，牠的體重飆破三百公斤，這也難怪，畢竟食物從四面八方湧進來，整座城市都是牠的小餐館。郵局局長會把剩下的蔬菜留給牠，然後在我們的信箱上貼一張黃色小卡，讓我們知道該收廚餘了；隔壁鎮的起司店老闆會把好幾桶剩菜（像是麵包皮、煮失敗的湯、番茄的兩端等等）直接送到豬圈，沒意外的話還會唱歌劇給克里斯多夫聽；鄰居們則會帶蘋果、長得太大的櫛瓜和製作起司時留下的乳清來餵他。

克里斯多夫的仰慕者遍及全球。我去研究獵豹、雪豹和大白鯊的時候，都會把牠的玉照拿出來給探險隊上的新朋友看，讓大家大為驚嘆。在家鄉，所有人都很喜歡牠，每次選舉投票時都會有人在選票上寫牠的名字。

克里斯多夫霍格伍德到底有什麼過人的魅力，能讓大家全都愛上牠？後來莉拉做了一個結論，她說：「克里斯多夫是一位偉大的佛教禪師。牠教會了我們如何去愛。如何去愛生活所給予的一切，就算是廚餘也一樣。」

真的。克里斯多夫很愛牠的食物。牠愛豬豬水療的溫肥皂水所帶給牠的感受，也很愛那些小手輕輕地撫摸牠耳後那塊柔軟的皮膚。牠很愛有人陪伴，不管你是小孩或大人，健康或生病，大膽或害羞，帶的是西瓜皮還是巧克力甜甜圈，甚至是空手揉揉牠的耳後，克里斯多夫都會用開心的咕噥聲來歡迎你。難怪大家都這麼喜歡牠。

我每天都在研究這位踩著分趾蹄、長得像豬的佛陀，自然從這位大師身上學到該怎麼盡情吸收、仔細品嚐這個世界的豐盛與美好，像是灑在皮膚上的溫暖陽光，以及與孩子同樂的喜悅。除此之外，牠開闊的心胸和龐大的體型似乎讓我的悲傷變得越來越渺小、越來越微不足道。在過了多年不斷搬遷的生活後，克里斯多夫給了我一個穩定的家；在我父母和我斷絕關係後，克里斯多夫用許多未婚的人、毫無親戚關係的人及各種不同的動物為我打造了一個真正的家庭，一個既不是用基因，也不是用血緣，而是用愛組成的家庭。

發覺這世界充滿未知的美麗

克拉貝兒

我蹲在叢林裡，汗水沿著臉頰流下來。我正在等一隻野生動物從洞穴裡探出頭，朝著我直衝。

幾個小時前，我和攝影師尼克畢曉普（Nic Bishop）降落在位於南美洲北部的法屬圭亞那。我們飛越了縱橫交錯、占地遼闊的紅樹林沼澤，緊接著映入眼簾的是一大片極盛相森林。他們說，如果是在晚上抵達，周遭除了一片漆黑外什麼都沒有。這個國家只有十五萬人口，國土面積大小和美國印第安納州差不多，而且絕大多數都是原始熱帶雨林。我們抵達的時間是白天，而且一下飛機就立刻和來自俄亥俄州希蘭村（Hiram）的生物學家山姆馬歇爾（Sam Marshall）一起前往寶藏自然保護區尋找我們的目標。

我之前曾為了替書取材而踏足三大洲，深入當地的叢林進行研究，並在旅途中認識了獅子、老虎和熊等動物朋友。但這次不一樣。再次重申，之前探險隊的研究目標在牠們的生態系統中都屬於金字塔頂端的掠食者，也是同科物種群體中體型最大、最有氣勢的動物之一。不過這一次，我們要找的是蜘蛛。

我們正在尋找世界上最大的狼蛛，也就是巨人食鳥蛛。山姆將這種蜘蛛形容為「叢林之后」。一隻大型母狼蛛可能重達一百多公克，不僅頭部和杏仁一樣大，腿也長到能蓋住整張人臉。山姆已經發現並鎖定了一隻躲在蛛絲巢穴（牠們的巢穴可長達六公尺）裡的狼蛛，要是牠真的衝出來，到時蓋住的就是我的臉了。

一想到這裡，我就坐立難安。雖然狼蛛的毒液對健康的成人來說並不致命，但巨人食鳥蛛的毒牙大概有一點三公分，這種長度絕對能刺穿皮膚，留下深深的傷口。再說，蜘蛛的毒液會讓獵物癱瘓，產生噁心、盜汗等症狀，要是牠決定注入毒液，那種痛楚足以把接下來一整天都毀了。

話雖如此，接待我們的那位紅髮大哥還是趴在泥地上，把臉湊近洞口。

「出來啊！」山姆用懇求的語氣大喊。「我想認識你！」他開始搖晃細細的樹枝，模仿昆蟲小步疾走的沙沙聲（因為巨人食鳥蛛最愛的獵物其實不是鳥，是蟲子），直到他感覺蜘蛛用頭部前方攫取食物的觸肢抓住樹枝為止。「牠的力氣還真大！」他說。在頭燈的光線照耀下，他看得出來裡面那隻蜘蛛是母的。母狼蛛的體型比公狼蛛大，其中有些物種的壽命長達三十年。山姆繼續搖晃樹枝。洞穴中傳來一陣嘶嘶聲。巨人食鳥蛛會摩擦前腿內側的白色剛毛，發出這種帶有威嚇性的聲響。山姆大概只給了我們一秒鐘的時間準備，旋即快速開口說：「牠來了！」

砰、砰、砰，一隻巨型蜘蛛踩著沉重的步伐走出洞口。八條末端帶著如爪子般的跗節、一共分成七節的長腿掠過森林地上的薄脆落葉，發出響亮的窸窣聲；牠的頭就和一顆小型奇異果一樣大，腹部的大小則跟一顆柑橘差不多。山姆說，這隻蜘蛛可能只有兩歲而已，還沒完全長大。年紀輕輕的牠毫不畏懼地快步進逼；突然間，牠就像閃電般火速地往前衝了十幾公分，大膽面對眼前這三個體重加起來比牠重四千倍的怪物。

找不到獵物的狼蛛做了一個明智的決定。牠轉身回到巢穴洞口，全身上下的細胞都進入警戒狀態。雖然牠的八隻眼睛都退化了，但是沒關係，牠可以用腳嗅聞環境，腳和腿上的特殊細毛能幫助牠感受外面的世界。當牠站在洞口那片自己噴出來的蛛絲地毯上時，就連小蟲腳步聲這種最細微的震動都逃不過牠敏銳的感官。

山姆向我們保證，牠一定知道我們在這裡，而且牠一點也不害怕。

整個過程就和遇見老虎一樣令人驚嘆，只是我對老虎的了解比對蜘蛛還要深。我看過很多蜘蛛，卻從來沒有真正認識蜘蛛。這點很快就會改變了。

「攻擊！攻擊！攻擊！」我和尼克蹲在山姆後面，他則一邊拿著手電筒俯視另一個巨人食鳥蛛巢穴，一邊同步轉播眼前的場景給我們聽。蜘蛛正在攻擊他手中的樹枝。「後退……攻擊……」

「牠不想出來玩，」最後山姆失望地說。「牠直起後腿，對我非常不爽。」遇到威脅的時候，狼蛛會用後腿站立、挺直身體，同時舉起前腿，看起來就像空手道黑帶大師準備使出掌劈一樣，毫不客氣地露出長長的毒牙，有時牙齒尖端還會滲出幾滴毒液。

山姆完全不怕、也不擔心被咬（他研究狼蛛研究了二十年，從來沒被咬過），但他還是把臉從巢穴洞口移開。「牠可能會開始噴毛。」他解釋。生氣的巨人食鳥蛛通常不會直接咬攻擊者，而是會用後腿摩擦腹部，踢出帶有刺激性的螫毛，這些毛會隨著氣流飄浮，落到攻擊者的眼睛、鼻子和皮膚裡，引起搔癢和疼痛感，而且可能會持續數小時。

山姆最不需要的就是這個，因為他已經被其他無脊椎動物（主要是壁蝨和恙蟎幼蟲）咬得夠癢了。食鳥蛛巢穴調查之旅才過了兩天，我們就徹底體會到他的感受。雖然山姆再三保證這座雨林「比俄亥俄州的森林友善多了」（他的蜘蛛實驗室就在那裡），但我們三個每天晚上都還是要用 Benadryl（一種抗過敏藥）和 Excedrin（一種止痛藥）來應付惱人的搔癢、腫脹與肌肉痠痛。

我和尼克都覺得雨林生活的累人程度和刺激程度差不多。「我全身上下都在痛，」來到法屬圭亞那的第三天，我在田野調查日記上寫道。「而且整天汗流浹背，沾滿了泥土和塵垢。我們發現身上有好多壁蝨，多到我們連找都懶得找。」通常食鳥蛛的巢穴會建在坡度四十五度或更陡的斜坡上，有時則藏在濕滑的大片樹葉和腐爛的樹幹下，不小心踩到的話就會在腳下崩塌。這裡只有兩種常見的帶刺植物（可以刺穿皮膚的那種），一種是棕櫚樹，另一種則是藤本植物，但我們經常碰到這些植物，在攝氏三十二度且濕度高達百分之九十的熱帶雨林中，一點小傷都有可能在短時間內引發嚴重的感染。每片棕色樹葉上都可能藏有螫人虎頭蜂的巢（山姆在調查的第二天就被叮了）；具有高度危險性的粗鱗矛頭蝮可能隱身於殘枝落葉與倒下的樹木之間，靜靜地潛伏在某處。

因此每日的研究工作結束後我們都很高興，終於能回到下榻的自然中心「綠寶石叢林村」休息了。綠寶石叢林村由荷蘭自然學家約普莫南（Joep Moonen）和他的太太瑪萊卡（Marijke）共同經營，裡面設立了以粉白磚牆與鐵皮屋頂搭建而成的訪客中心，並提供風扇、熱水澡和掛有蚊帳的舒適軟床。除此之外，遼闊的叢林村裡有許多縱橫交錯的小徑，訪客可以沿著小徑自由漫步，欣賞種滿當地植物、令人驚艷的雨林花園。最棒的是，即便身處舒適的空間，我們周圍還是有各式各樣的小動物——連房間裡都有！外牆和內牆有好多壁虎如雨點般溜上溜下；一隻蟾蜍占據了我們的浴室；有天早晨，我躺在床上看著一條小蛇舒展身體，從牠的藏身處（也就是我的鞋子）爬出來，慢慢地滑過地板。

大概是職業病的關係，山姆熱切地檢查住房區裡每一個角落和縫隙，看看有沒有狼蛛的蹤跡。最後他在自己的房間外發現了一個小驚喜：磁磚走廊上的鳳梨花盆栽裡就有一隻。

「你們看！油彩粉紅趾蜘蛛耶！」某個下午，山姆對我和尼克大喊。

「妳的筆可以借我嗎？」他問我。他不是要做筆記。他把筆插進那盆多肉植物的鋸齒狀葉片（和鳳梨葉長得很像）之間，輕輕地戳那隻和小孩子拳頭差不多大小的狼蛛，迫使牠往前走——走進他的掌心裡。

「莎伊，」山姆開口。「妳想不想用手捧著牠？」

所有心理學測驗都證實，人類並不是天生就害怕蜘蛛，但粉紅趾蜘蛛特別容易喚醒我們內心的恐懼。你可以在短時間內讓幼童或動物畏懼任何東西，就算是一朵無害的花也行。然而在相關實驗中，人類（和猴子）學習對蛇或蜘蛛產生恐懼的速度比學習對植物產生恐懼的速度還要快。我就和大多數美國人一樣是聽蜘蛛的壞話長大的。在我的童年與成年生涯中，有好幾次早上起床身上都出現灼熱的紅腫，醫生也直接診斷為「蜘蛛咬傷」（山姆堅稱這通常都是誤診），造成大眾對蜘蛛留下錯誤的印象，認為就算不挑釁蜘蛛，牠們也會沒來由地隨便亂咬人；更糟糕的是，許多人都誤以為蜘蛛會潛伏在任何地方，連床鋪都不放過。從小到大，我母親就一直警告我說黑寡婦很可怕，據說牠們的毒液比響尾蛇毒上十五倍。住在澳洲的時候，我學到要小心紅背蜘蛛；紅背蜘蛛與黑寡婦之間存在著緊密的物種關係，不但很常咬人，而且特別喜歡躲在廁所之類的陰暗處。山姆說要把野生狼蛛放在我手上時，這些有關蜘蛛的資訊全都儲存在我大腦裡的某個地方。

我低頭看著那隻狼蛛，嘴巴都還來不及回答，手就已經伸出去了。

人類並不是
天生就害怕蜘蛛。

山姆用筆輕推牠的腹部，牠伸出一隻毛茸茸的黑色長腿，然後再一隻、又一隻，八隻腿逐一展開，直到站在我手上為止。狼蛛腳部末段的鉤狀跗節讓我的皮膚產生隱約的刺痛感，就像我小時候喜歡讓那些日本金龜子停在手上的感覺。牠站了一會，我則用崇拜的眼神望著牠。牠身上覆蓋了一層美麗的細毛，腳的末端點綴著閃閃發亮、充滿少女氣息的粉紅色，看起來好像剛去做指甲一樣。這就是牠們被稱為粉紅趾蜘蛛的原因。牠們的性情特別溫順，很少咬人，就連身上的剛毛也沒什麼刺激性。

狼蛛開始移動。牠舉起長腿，一步一步地慢慢往前走，從我的右手手掌心走到左手手掌心，我小時候在廉價商店買的第一隻寵物龜「黃眼女士」也會這樣。這隻狼蛛的重量大概就跟黃眼女士差不多。

緊接著，神奇的事情發生了。用手捧著狼蛛的我深切地感受到自己和眼前這隻生物的連結。現在的牠在我眼中不再是大型蜘蛛，而是一隻小動物。當然啦，牠兩者都是。「動物」這個詞所指涉的範圍包含哺乳類、鳥類、爬蟲類、兩棲類、昆蟲、魚類、蜘蛛及其他各式各樣的生物。也許是因為狼蛛像花栗鼠一樣毛茸茸的，體型大到可以捧在手上，所以我開始用全新的角度來看牠和牠的蜘蛛親戚。牠是世界上獨一無二的個體，就在我手心裡，在我的呵護之下。我目不轉睛地看著牠走動，一陣溫柔的感覺如湧浪般席捲全身，輕輕地、慢慢地、小心地撫過我的皮膚。

直到狼蛛開始加速為止。牠在幹嘛啊？

「牠們會突然快走沒錯，有時還會縮成一團，把自已彈出去。」山姆說。在實驗室中遇到這種情況時，他會建議學生離遠一點，除非他們希望飛天狼蛛掉在他們身上。雖然粉紅趾蜘蛛多半選擇屋簷、灌木叢及鳳梨葉的彎曲處等作為吐絲築巢的地點，但牠們知道自己適合在樹林裡生活，一旦感受到威脅，牠們就會往上跑。

我開始緊張了，而且超緊張，緊張到全身發抖。我擔心的不是狼蛛可能會跑到我臉上，而是假如牠真的彈出去，美麗又溫柔的牠可能會掉到磁磚走廊上身受重傷。想到這裡，我就覺得頭好暈。牠就跟所有蜘蛛一樣擁有暴露在外的骨骼結構，這一摔可能會導致牠的外骨骼碎裂，一隻奇妙的野生動物可能就這樣香消玉殞，而這一切都是我的錯。

「我想還是把牠放回去比較好。」我一邊說，一邊把狼蛛交給山姆。他把狼蛛放在鳳梨花上。回到盆栽裡的狼蛛立刻躲進那個用絲線織成的家。

當天傍晚，我們在巢穴調查工作結束後回到自然中心，發現那隻粉紅趾蜘蛛還在那裡。「我想我們有隻寵物狼蛛了！」山姆大聲宣布，並將牠取名為克拉貝兒。

牠是一隻漂亮又優雅的母狼蛛，克拉貝兒這個名字很適合牠。山姆告訴我們，狼蛛是「很愛乾淨的小小家庭主婦（夫）」，無論藏身的巢穴是在地底或林間，牠們都會鋪上新鮮乾燥的蛛絲當內襯。「牠們就跟生活大師瑪莎史都華（Martha Stewarts）一樣！」山姆說。儘管蜘蛛惡名昭彰，經常被認為是骯髒、討厭的「臭蟲」，但狼蛛其實就跟貓咪一樣愛乾淨，牠們會用嘴巴仔細拉扯腿上的毛，小心翼翼地清潔那些落在身上的灰塵，並用尖牙當梳子整理毛髮。

我們越來越喜歡克拉貝兒，每天早晨和傍晚都會去看看牠，確認牠沒事。

大部分狼蛛在面對敵人時會全副武裝、進入備戰狀態，有些則會直接投降。有時某些鳥類和行動敏捷的哺乳類（例如很有耐心的猴子或特別強悍的南美浣熊）為了抓洞裡的狼蛛來吃，會努力忍受狼蛛釋放出來的刺激性剛毛。另外，雌蛛蜂（一種大小跟蜂鳥差不多的飛行昆蟲）會用螫刺把狼蛛螫到癱瘓，然後在牠們的肌肉裡產卵，一旦蛛蜂幼蟲孵出來，就能以宿主狼蛛為食。有時我會一邊工作，一邊擔心克拉貝兒，直到回來發現牠還好好地待在鳳梨花盆栽裡，我才鬆了一口氣。

我在想，克拉貝兒認得出我們嗎？「蜘蛛就跟其他生物一樣是獨立的個體。」山姆很有自信地說。他十三歲就開始養狼蛛當寵物，俄亥俄州的實驗室裡也有將近五百隻狼蛛。在與狼蛛互動的多年經驗中，山姆了解到就算同屬一個物種，有些個體看起來比較沉穩；有些比較緊張；有些會隨著時間改變自身行為，並在他在場時變得比較冷靜。後來我和尼克去山姆的蜘蛛實驗室參觀，有一位學生告訴我們，每次山姆走進來都會發生不尋常的事。實驗室裡有很多狼蛛都是天生眼盲，可是只要山姆走進來，保育箱裡的五百隻狼蛛就會不約而同地轉過來面向他，而且只有他才會這樣，其他人都不會。

隨著日子一天天過去，克拉貝兒也變得越來越平靜，似乎比較能接受我們觸碰牠。當然啦，也有可能是因為我們越來越習慣牠的存在了。或許牠在無意間教會了我們保持鎮定，並對我們日趨冷靜地捧著蜘蛛的行為作出回應。我們三個都很喜歡和這隻小小的野生動物進行親密互動。牠讓我們覺得待在綠寶石叢林村很自在、很有家的感覺。

有一天，尼克丟了一隻蠡斯給牠，並在牠進食時拍了一張照片。大部分的蜘蛛都會先注射毒液使獵物癱瘓，接著將胃液灌入獵物體內、讓食物液化，然後快速吸乾，再把空殼扔掉。狼蛛的做法不太一樣。克拉貝兒是用尖牙後方的牙齒磨碎食物。雖然我覺得蠡斯（親切又友善的蟋蟀就是牠們的親戚）很可憐，但我真的很開心我們能給克拉貝兒一點什麼，因為牠能給這個世界的有好多好多。蜘蛛親善大使非牠莫屬。

法屬圭亞那之旅的最後一天早上，山姆把克拉貝兒趕進一個塑膠餐盒裡。我們要帶著牠一起去寶藏自然保護區，享受本次最後一場雨林冒險，之後我們會把牠放回原本的鳳梨花盆栽裡。不過在這之前，山姆要先帶克拉貝兒去見幾個跟牠一樣體型雖小、卻非常重要的人。

他們已經在通往叢林的步道入口等著我們了：九個來自附近的胡哈村（Roura）、年齡介於六歲到十歲之間的當地學童。「這位是馬歐爾博士……」約普用法語介紹山姆給他們認識。但山姆急著想請出真正的神秘嘉賓。他從背包裡拿出塑膠餐盒，小心翼翼地掀開蓋子。一隻毛茸茸的長腿跨出餐盒邊緣，然後再一隻、又一隻，克拉貝兒探出盒外，冷靜地走上山姆的手掌心。

「有沒有人想摸摸牠呀？」山姆用法語問那些小朋友。

周遭陷入無聲的沉默，好一陣子都沒有人開口。在這之前有個小女孩已經先承認她很怕蜘蛛了。就在這個時候，一個戴著棒球帽的十歲男孩舉起了手自加奮勇。山姆教他怎麼打開掌心，讓克拉貝兒站上去。牠踩著優雅的步伐、從容不迫地爬進男孩的手裡，很快的，其他九隻小手全都伸向牠，就連那個怕蜘蛛的女孩也一樣。

那天尼克替我們的書拍了好多精采的照片。我到現在還是很喜歡看著那些孩子的手：棕色小手和粉色小手溫柔地彎成碗狀，歡迎這隻美麗的狼蛛走進他們的掌心裡。有些孩子在短短幾分鐘前還很怕這隻生物呢。其中一張照片捕捉到三個小女孩圍在一起，讓克拉貝兒慢慢爬過她們的皮膚。她們低頭看著那隻蜘蛛，眼裡滿是專注和敬意；她們的表情很放鬆，散發出唯有捧著可愛小動物才會出現的那種平靜與完滿。現在她們能以一種全然嶄新的眼光來看待家鄉雨林中的野生動物。那天，我聽見一個綁著俐落髮辮的小女孩用很輕很輕、幾乎是氣音的聲音說：「這隻怪獸，牠好美。」

克拉貝兒不僅願意讓我摸牠，更透過這樣的方式為我開啟了一扇門，帶我進入先前未曾欣賞過的蜘蛛世界。牠的宏偉壯麗有很多層面，體型只是其中最明顯的部分而已。牠和所有蜘蛛一樣都有驚人的超能力。暴露在外的骨骼讓克拉貝兒能在長大的過程中蛻去外殼，甚至連肺、胃和嘴巴黏膜都能脫除；要是腿受傷了，牠可以把受傷的腿扯下來吃掉，再長出新的；另外，牠也能從身體裡吐出蛛絲，並在過程中將液狀物質轉化成觸感比棉花軟、韌性卻比鋼鐵強的固狀絲。

其他擁有同樣天賦的生物在美國也很常見，但我過去都沒有好好注意牠們。我們在漢考克的家有個地下室，裡面有不少幽靈蜘蛛。幽靈蜘蛛有纖細的身體和優雅的長腿，只要觸碰牠們，牠們就會採取倒掛的姿態，不安地震動蛛網。除此之外，我們也經常在木柴堆中發現跳蛛。跳蛛的視力超好，而且好像每次都能發現我們的存在、及時跳開。我們的穀倉裡住了很多蜘蛛，其中一隻還在克里斯多夫的豬圈上織網，讓我想起《夏綠蒂的網》（*Charlotte's Web*）所描述的場景。當然啦，我絕對不會傷害蜘蛛，打掃農舍時也不會用吸塵器吸得太乾淨，危及牠們的網。要是有蜘蛛出現在令人困擾的地方（例如浴缸裡或枕頭上之類的），我和霍華就會小心地把蜘蛛抓起來放進優格杯裡，帶到戶外放生。

也許是因為牠們很小隻，也許是因為牠們很常見，或者因為牠們是無脊椎動物，過著和鳥類、哺乳類與爬蟲類這些我比較熟悉的動物迥然不同的生活，所以我之前從來沒有好好思考過關於蜘蛛的事。

現在，多虧了克拉貝兒，就連家裡最普通的角落都變得新鮮又迷人。我意識到，這個世界充滿了各式各樣的生靈，而且比我想的更驚人、更豐富，或許這些小小靈魂熱愛生命的程度就跟我們一樣也說不定。

聖誕節的祝福

白鼬

那是一個充滿冬季氣息的聖誕早晨，也是去雞舍餵母雞吃傳統大餐的時刻。黛絲正在家裡啃著用來歡慶聖誕的牛皮骨，克里斯多夫則在豬圈裡津津有味地吃著溫熱的食物泥，發出滿足的嚄嚄聲；我拿著一大碗剛爆好、熱呼呼的新鮮爆米花要給母雞吃，作為節慶假日的開始，這是我的慣例。不過那天早上迎接我的卻是一個悲傷的意外。其中一隻黑白雙色、年紀比較大的多明尼克種母雞死在地板上，頭卡在雞舍角落的一個小洞裡。

我彎下腰，抓住那雙滿布鱗片的黃色雞腳，想把牠從洞裡拉出來。可是我沒辦法。好像有什麼東西或什麼人緊抓著牠的頭不放。我又努力拉了幾次，最後終於讓牠恢復自由。就在這個時候，小洞外突然冒出一顆白色的頭，那顆頭比核桃還要小，上面鑲著兩顆圓圓的黑眼睛，一個粉紅色的小鼻子，一張小嘴巴……嘴巴周圍的白色毛皮沾染了深紅色的斑斑血跡。是白鼬，一種身體顏色會隨著季節變化、目前正處於冬季白色階段的小型鼬科動物。牠直視著我的雙眼，目不轉睛地看著我。

我以前從來沒看過白鼬。牠真的好美好美。牠身上的毛是我這輩子見過最純粹的白，比白雪、白雲和白色浪花還要白，白到看起來好像天使身上的長袍一樣，閃爍著晶亮的光芒。難怪那些國王會在袍子邊邊鑲上白鼬毛皮做裝飾。但更令我驚嘆的是牠的凝視，那個眼神非常勇敢，一副無所畏懼的樣子，看得我差點喘不過氣。這隻小動物大概跟我的手差不多長，重量可能只比一把零錢重一點，但牠刻意從洞穴裡跳出來挑戰我這個比牠高出一大截、充滿威脅的龐然巨物。「妳幹嘛拿我的雞？」那雙黑溜溜的眼睛對我說。「還給我！」

當然啦，我認為那是我的雞。我朋友送我的第一群母雞是她自己養的，我就和她一樣，每天親自照顧這隻雞，牠的姊妹也是一樣，從牠們孵出來第二天、身體還圓圓的像蛋時，我就一手把這些毛茸茸的小雞拉拔長大。牠們在我的工作室裡成長，有些會在我寫稿時坐到我的肩膀和筆記型電腦上，有些會在地上亂跑、互相追來追去，把木屑和羽毛弄得到處都是，有些則會踩過我的鍵盤，替我的散文加點詞。

這種撫養方式讓母雞群變得很親人、很愛撒嬌。把雞籠從工作室挪到穀倉的雞舍裡後，牠們便開始自由探索庭院，只要我和霍華從外面經過，牠們就會衝過來把我們團團包圍，讓我們覺得自己好受歡迎，好像搖滾明星。接著，牠們會蹲坐在我們面前討摸討抱，要我們親親牠們頭上的小雞冠。克里斯多夫繫上拴繩、待在外面的時候，牠們會和牠一起玩，有時還會偷吃一點廚餘殘渣。牠們一點也不擔心黛絲，因為牠老是忙著接飛盤，根本沒心力去追牠們。我和霍華整理院子時，母雞群總是跟前跟後，不停地用輕快的咯咯聲聊天：我來啦。你在哪？有蟲蟲嗎？噢，有蟲耶！在那裡……晚上把牠們關進雞舍的時候，牠們會飛到棲枝上休息（而且每隻都有固定的位置，一定要在閨密旁邊），我則會輕輕地撫摸牠們，讓那些滿足的咯咯聲和顫音溫柔地籠罩著我，就像搖籃曲一樣。

死掉的那隻母雞是雞群中最資深、陪了我們最久的一隻。牠會教其他年輕的母雞，讓牠們知道我們家和莉拉一家的共有土地範圍，也會提醒小雞過馬路要小心，發現有老鷹時還會大叫，要牠們趕快躲起來。每到撫摸和餵食時間，牠都是最熱情、最急著跑過來的那一個；牠也是夏天時唯一一隻被我們帶到銀楓樹下的餐桌旁（夏天我們會移到戶外吃飯），讓牠棲息在折疊椅上的母雞。

我抱著牠，牠的身體還溫溫的。在我眼前的是殺了牠的兇手。也許你會想，我心中一定充滿憤怒，恨不得馬上報仇。沒錯，之前確實發生過這樣的事。上幼稚園的第一天，我看見一個小男孩正在拔幽靈蜘蛛的腿，我就跑過去咬了那個男生，最後滿懷恥辱地被送回家，把我父母嚇壞了。後來念大學時又發生了類似的事。我得知某位前男友的室友在官方部門面前扯謊、抹黑他，整個人氣炸了，於是便跑去質問對方。在我衝上樓準備去找他的時候，我不小心撞到了一個男的；我們雙方都沒有料到，我一個這麼纖細瘦小的女子居然會抓住一個男人的衣領，狠狠地把他摔到牆上。我氣到全身發抖。憤怒所帶來的力量讓我大感震驚。

身為一個年齡不大的成年人，我很害怕「憤怒」這種情緒，因為我覺得它就在我的血液中流動。我父親非常受人敬重（我聽說有個下屬有一次在他面前害怕到昏倒），可是他的脾氣很差、很容易被激怒，我母親則是那種莫名其妙發飆的類型。讀高中的時候，我邀請一個男生跟我一起參加週六晚上的讀經會，地點離我們家只有幾個街區。他要他爸媽會後來我們家接他。那天晚上我父母剛好外出，他們一到家、看到我和那個男生時，我母親（顯然有喝酒）立刻大發雷霆，一直對著我們尖叫（我們倆就站在外面，連房子都沒踏進去）。我父母嚴格規定，絕對不能在他們不在家時讓男生進門。可是我沒有啊。我母親甚至還威脅說要帶我去醫院檢查，確認我是不是處女。不知怎的，我父親成功勸阻她，叫她不要做這件事。之後他們有好長一段時間不准我和那個男生見面，也不准去參加讀經會（多年後我才明白母親當時為什麼這麼生氣。在好幾杯馬丁尼的輔助下，她擔心鄰居可能會看到她女兒和一個男生站在空蕩蕩的房子外面，進而認為我們家「有問題」）。

我父親因為癌症而躺在病床上奄奄一息的時候，憤怒吞噬了我的母親。有天下午，我們母女倆分別坐在病床兩側，我跟母親提了一些普通的財務細節，就在這時，她突然把細瘦柔軟、精心照料的手張成爪狀，狠狠地朝我臉上揮過來。我一把抓住她纖細的手腕，她死命掙扎，非要打到我不可，力氣之大讓我抓住她、阻止她的那隻手在她的皮膚留下了瘀青。最後我父親要我跟她道歉。

不過，面對這隻白鼬，這個殺害了我深愛母雞的兇手，我心裡一點怒氣也沒有。

在我眼前的是世界上最小的肉食動物之一，感覺好像獅子、老虎、狼獾等地球上最兇猛的野生掠食者，全都濃縮在這個體重只有兩百公克左右的小身體裡。白鼬的速度快如閃電，可以像搭飛機一樣跳到半空中捕食鳥類，或是深入地底隧道追蹤旅鼠。除此之外，白鼬還會游泳和爬樹，而且只要往脖子一咬，就能輕鬆殺死體型比自己大好幾倍的獵物，成功將獵物拖走。白鼬一天會吃四到五餐。圈養的白鼬必須吃占自身體重至少四分之一到三分之一的食物以維持基本的生存；至於野外的白鼬（尤其是在寒冷的冬季）則得吃更多。這些小傢伙的心跳每分鐘將近四百下，也難怪牠們能抓緊每一個機會，盡己所能地殺死

牠身上的毛是我這輩子見過最純粹的白，比白雪、白雲和白色浪花還要白，白到看起來好像天使身上的長袍一樣，閃爍著晶亮的光芒。

所有能殺死的生物。這種一心一意追求殘酷暴行的特質讓牠們在血淋淋的狩獵中大放異彩，成為出色的掠食者。

這時，我突然明白一件非常重要、關於我母親的事。她就像白鼬一樣兇猛，但是以她自己獨有的方式來表現。她出生在阿肯色州的一個小鎮上，父親是賣冰的小販，母親是郵局局長。身為獨生女的她從小就背負著三個劣勢：她很窮，她住在鄉下，她是個女的。不過，在那個社會不鼓勵女性受教育、增廣見聞的年代，她卻學會了怎麼開飛機，上了大學，代表畢業生致詞，進入聯邦調查局工作，還嫁給了一位陸軍軍官。她以前住的地方可以看見小雞在廚房地板下刨土，有時她還會用獵槍（無論我們搬到哪裡，這把獵槍都會擺在臥室櫃子裡的某個角落）打獵、抓松鼠吃。不過她的意志力與聰明才智改變了這一切：軍隊派傭人替她修剪草坪、打掃房子，還有專屬的宴會廚師；她先生有一輛公務車、一艘遊艇和一架飛機供他使用。我父親是第二次世界大戰中巴丹死亡行軍（Bataan Death March）的倖存者，也是獲得勛章的戰爭英雄，小時候我總是很仰賴父親，並將他的英勇與堅持視為模範，但我母親同樣也在成長過程中幫助我、讓我相信，只要別人做得到的事，我也一定做得到。她的成就真的很了不起，就跟白鼬殺死母雞一樣驚人。

那年稍早，我母親因為胰腺癌過世了。我在維吉尼亞州的醫院裡握著她的手，看著她無所畏懼地走過最後一段人生。自從貝爾沃堡的醫生診斷出她面臨的是最痛苦的癌症末期後，我母親不僅沒流過半滴眼淚，也沒有一絲怨懟。凝視著白鼬那雙銳利的黑眼睛時，我突然明白自己有多愛媽媽，也意識到自己有多想念她。

我和白鼬大約互看了三十秒，然後牠就跳回洞裡了。我急著想跑回家跟霍華說，叫他一起來看白鼬。可是等我回來後，這隻小傢伙還會在這裡嗎？牠還會再度現身嗎？我把母雞的屍體放在地上，也就是剛才發現牠的地方，接著直奔三十公尺外的家，把事情經過一五一十地告訴霍華。我們倆一起回到雞舍，我再次撿起母雞的屍體，白鼬的頭再次從洞口探出來，閃耀的白臉上嵌著一對黑色的圓眼睛，那熾熱的眼神無畏地迎上我們的目光。

雖然這次的邂逅起源於一場悲劇，但我們還是忍不住驚嘆，天使在聖誕節早晨降臨我們家了。聖經上說，當天使向伯利恆曠野中的牧羊人顯現時，牧羊人「就甚懼怕」。小時候只要讀到這一段，我都覺得很奇怪。在我心中描繪出來的聖經裡，天使看起來就像穿著晨袍、背上有翅膀的漂亮小姐，而聖誕樹上的裝飾天使總是在彈豎琴或吹小號；雖然從天上飛下來真的滿驚人的，但我並不覺得天使有什麼可怕的地方，就算對當時還是小女孩的我來說也一樣。然而現在我對那段經文有了更深的認識，在我看來，天使應該比較像我們遇見的這隻聖誕白鼬：在純潔、力量和神聖的完美中閃耀著燦爛的光芒。

我們就像幾千年前的牧羊人聚集在另一座穀倉中一樣，在自家的穀倉裡親眼看見了偉大的奇蹟。我們的聖誕祝福不是從天上澆灌下來，而是從地上的洞穴冒出來的。那隻白鼬帶著耀眼的雪白毛皮、急速的心跳，以及無底洞般的好食欲，全身上下洋溢著生命的熱情。這隻小動物所散發出來的白光就像火柴驅走黑暗一樣，讓我內心的憤怒消失殆盡，只留下因敬畏而變得更開闊、充滿療癒與原諒的心。

明白真正的恩典 黛絲

在我們一起生活的那段時間裡，黛絲大概有百分之九十以上的時間都在干擾我們工作，不斷地把好玩的事放在我們大腿上。

早上出去餵完母雞群和克里斯多夫後，黛絲會安靜地坐在我或霍華的工作室裡，過了大約一個小時，牠就會覺得自己受夠了。正當我們埋首寫作時，我或霍華的大腿上會突然冒出一顆球或飛盤，這就表示：該站起來動一動，和黛絲一起去外面玩啦。

當你在寫一段重要轉折，或是腦中冒出什麼新點子的時候，突然闖進一顆沾滿狗狗口水的球真的很討厭，不過這種情緒不會持續太久，因為陪我們家這隻快樂又健壯的邊境牧羊犬玩是全世界最有趣、最鼓舞人心且最有意義的事。

牠不僅充滿力量，
而且舉止高貴、
從容優雅——
牠就是優雅的真正定義。

陪黛絲玩就表示你得一心二用，把愛分出去。每次只要黛絲出門，跟在牠身邊的人就一定會和其他動物互動。「嚄。嚄！嚄！」克里斯多夫會察覺到我們的存在，然後大聲喊叫，要我們摸牠，餵牠吃一勺穀物、一顆蘋果、一些廚餘，或是把牠放出來繫在拴繩上；母雞群則會衝過來把我們團團包圍，蹲坐在地上討摸、討抱和討親。

幸運的是，假如我們的速度夠快，就能利用每次拋丟的時間間隔完成這些事，因為黛絲喜歡別人把球或飛盤扔得遠遠的，很——遠——很——遠。霍華可以把飛盤扔到將近一百公尺遠的地方，可是我不行，更別說我慘不忍睹的瞄準功力了。不過，不管是誰丟的、丟的是什麼，黛絲都能成功接住，而且百發百中。霍華都叫牠「黃金捕手」。黛絲心裡沒有「我的最愛」這種東西，只要我們出去玩，或是身邊有訪客的話，牠都會不停輪流換人，把玩具交給第一個人，然後再交給下一個人。牠很喜歡這個遊戲，我想牠應該也覺得我們很喜歡吧，所以才一直換人、保持公平，大家都要玩到才行。我們在工作的時候，如果牠先前是找霍華陪牠玩，下一個小時就會找我陪牠玩。

看著活力充沛的年輕黛絲從自家田野上飛奔而過、躍到半空中接玩具，就好像唱出《奇異恩典》的第一個音符，總是能讓我備受鼓舞、精神為之一振。牠的動作也很符合那首歌的第一個字。牠不僅充滿力量，而且舉止高貴、從容優雅——牠就是優雅的真正定義。尤其黛絲之前因為那場可怕的除雪車意外受重傷，再之前又經歷了不幸被拋棄的狗狗人生，但牠和我們在一起時卻能展現出這樣的快樂與優雅，真的很不可思議。

黛絲所帶來的樂趣會一直延續到晚上。我們睡前做的最後一件事就是陪牠玩最後一輪飛盤。牠那黑白的身影在月色的渲染下漾著柔和的光芒，但我覺得黛絲在漆黑的無月之夜、在我完全看不見牠的時候，一定更美。

鄉間道路上沒有路燈，所以不會形成光害，汙染到清澈的夜空。沒有月亮的時候，夜色有如洞穴般漆黑，在這種情況下，人類什麼都看不見，但黛絲卻能在無盡的黑暗中看得一清二楚，全然掌握周遭動靜。

狗狗的視網膜後方有一層「脈絡膜毯」（tapedum lucidum），能聚集光線，將光線反射回視網膜，這就是犬貓的眼睛在車燈照射下會發光的原因。在那些伸手不見五指的夜晚，我會跟著黛絲一起踏進黑暗，豎起耳朵聆聽項圈吊牌所發出的叮噹聲；牠會引導我走下後院的緩坡，來到田野外圍的平坦草地，然後我會輕聲地對牠說：「黛絲，去吧！」

說完，我會先等幾秒鐘，再將飛盤扔進無窮的黑暗裡。我完全不知道飛盤會飛往何處。過沒多久，一陣牙齒和塑膠物摩擦的美妙喀喀聲從遠方傳來，我知道黛絲跳到半空中、成功接住飛盤了。

我蹲下來，在黑暗中伸出雙手。黛絲總是會直接把飛盤放到我伸出去的掌心上，牠知道如果不這樣做的話，我就會在草地上胡亂摸索，浪費寶貴的玩樂時間。

黛絲很快就學會憑直覺感應我們的一舉一動。無論是走到穀倉樓上、穀倉樓下，還是走進屋裡、走進車裡，牠都能清楚掌握我們的動向；在家裡時，我們都還沒行動，牠就已經察覺到我們接下來要去哪一個房間了。有時我和霍華會放自己一天假，帶著黛絲一起到白山山脈健行。牠會不斷往前衝，追上我那個長腿老公，再回頭跑向我；遇到山徑岔路口時，黛絲往往會停下腳步、尋找我的身影（要是沒有牠，我一定會走錯路），接著再奔向霍華，而且還不忘折返、看看我有沒有跟上。霍華注意到，黛絲雖然跟我們爬同樣的路線，速度卻比我們快四到五倍，總是能率先攻頂。邊境牧羊犬是培育用來協助牧羊人牧養羊群的犬種，以聰敏機靈聞名。黛絲不僅用牠的高智商來判斷我們下一步可能會採取什麼行動，同時也思考自己要怎麼做才能提供我們最有力的協助。

可是就連這麼聰明的黛絲也無法理解為什麼我在黑暗中毫無視力可言。為什麼我看不到那些對牠來說清晰可見的一切呢？不過黛絲很大度地包容我這個莫名其妙的缺陷，總是很有耐心地把玩具放在我手上。等到我覺得該回家的時候，只需要輕聲地對牠說：「來吧，黛絲。」牠就會跑向我，用項圈吊牌的叮噹聲引導我走回屋裡。

雖然黛絲不斷展現出聰慧的心思、強大的力量與敏捷的身手，令我驚嘆連連，但我覺得那些深沉的黑夜更能讓我感受到牠所帶來的滿滿幸福與祝福。多虧有牠，我才能做到大多數人做不到的事，在漆黑的夜裡四處漫步、開心玩耍。和黛絲在一起的時候，牠會把自己的狗狗超能力借給我，也就是那些自從我第一次在莫莉身上看到後就極度渴望、自己卻沒有的能力。

然而這一切最終都會改變，也徹底改變了我。

某個六月早晨，黛絲在我們起床的時候跳下床，站在地板上，旋即又倒了下去。

一開始我以為是關節炎。當時黛絲已經十四歲了，考量到牠的年紀和之前那場嚴重的除雪車意外，不時腿軟跌倒似乎滿正常的。我們的獸醫查克戴文（Chuck DeVinne）是個很棒的醫生；當時十二歲的克里斯多夫因為上了年紀的關係，關節有點毛病，就是戴文醫生負責診治的。每天早上我都會把三顆膠囊藏在克里斯多夫的早餐瑪芬蛋糕裡，騙牠吃下去。

不過，我看著黛絲的眼睛，顯然這不是什麼早上起床腳麻之類的事。牠小中風了。

黛絲恢復的速度很快，狀況看起來也很好，不過，與災難擦身而過的牠讓我和霍華開始提高警覺。雖然我們倆已經四十多歲，但這些陪伴我們度過青春時光的動物正以飛快的速度邁入老年。我們一起相處的日子不多了。

當然，死亡是無可避免的事。對我來說，世界上最令人心碎的生命啟示之一，就是除了某些特定物種的鸚鵡和陸龜外，大多數我們深愛的動物壽命都比人類短很多。之前要是我去有很多會吃人的肉食動物、毒蛇或是活地雷的地方進行研究，我都會跟朋友開玩笑說，我是在確保自己能比黛絲和克里斯多夫先死。我一點都不怕死，死亡只是另一個新的世界。我們每個人最後都會走到那裡。如果真的有天堂，我相信自己一定會升到天上，和心愛的動物朋友團聚。話雖如此，克里斯多夫和黛絲過世時我還是很害怕，整個人陷入一種深沉的、覺得自己被丟下的恐懼。

不過，當時牠們倆看起來就像健康的老人一樣、狀況不錯，我也不斷用這種正面的態度來提醒自己。克里斯多夫還是很享受生活的美好，喜歡溫柔的撫摸、充滿愛的陪伴和巧克力甜甜圈，同時還不斷累積新的粉絲，好多人都想幫牠做豬豬水療；黛絲則和以前一樣迷倒眾生，牠躍到空中接飛盤，以及吐著舌頭、緊追著球不放（直到我們阻止牠才停下來）的英姿依舊魅力十足。

有一天，一陣有趣的氣味分散了黛絲的注意力。牠把飛盤扔在草地上，霍華叫牠撿起來的時候，牠完全不理會。牠聽不見了。這個症狀可能早在幾週或幾個月前就出現了，但牠的敏感和聰穎有效彌補了這項不足，所以我們根本沒注意到這件事。

後來又出現了犬隻前庭相關疾病。前庭疾病的症狀和中風類似，但狗狗本身對這兩種病痛的感受很不一樣。在黛絲眼中，整個世界失控地旋轉，牠飽受暈眩及噁心所苦，好幾週都沒辦法站。

不可思議的是，黛絲就和從前一樣展現出無畏的鬥士精神，努力地熬過了這場病，雖然牠的頭從此歪一邊，但牠終於能再次享受散步的樂趣。另外，黛絲那雙明亮的褐色眼睛也變成了灰色。失聽又失明的牠現在已經不能玩飛盤了，就連球球也引不起牠的興趣。我的心好痛。起初我以為自己是為了黛絲而痛，我以為牠一定很想念衝過田野追球和接飛盤的日子，也很想念我們一起玩、一起健行的時光。

但是我錯了。我是為了自己而痛。我才是那個渴望回到過去的人。我想念那些洋溢著青春、健康和力量的舊時光，想念牠聽得見我聽不到的頻率，想念牠在黑暗中充滿自信的驚人視力，想念牠這些超乎人類的天賦，想念自己隨著牠的超能力洪流自由飄蕩的時刻。我很難過，可是黛絲並不難過。

牠看起來很快樂。牠搖晃的尾巴、牠的微笑、牠的耳朵和牠的沉著，在在流露出心滿意足的感受。牠不想跳躍或追逐。生活依然有趣又豐富，不僅充滿各種強烈的氣味，還有好吃的零食以及與所愛之人相伴的安心自在。不知怎的，黛絲完全接受這個世界變得又暗又安靜的事實。但是牠一點也不擔心。牠知道我們這些人類會引導牠，陪牠走過這個漆黑無聲的世界。

黛絲還是很喜歡到外面蹓躂，就連晚上也是。以前我很喜歡看牠跑大老遠去追玩具，現在我很喜歡和牠緊緊地黏在一起。一開始牠還會追蹤我的體溫和氣味，後來我們就無時無刻保持接觸。我很榮幸能在我們相處這麼多年後得到這份美好又充滿信任的禮物、成為牠的依賴，就像我曾經依賴牠指引我穿越黑暗一樣。以前從來沒有人這麼依賴我，從來沒有人這麼愛我，我也從來沒有體會過這麼深刻的恩典。

就算老了、走路搖搖晃晃，黛絲還是讓我快樂到想唱歌。現在牠的優雅甚至比之前更不可思議。那是一種當我們需要比人類更大的力量或同情心時會想靠近、想向其尋求幫助的優雅。「Grace」一詞除了優美的舉止與體能造詣外，也有「恩典」的意思。神學家說，這是一種能復興、再生、鼓舞、強化與成聖的神聖力量，正如〈奇異恩典〉中的歌詞：前我失喪，今被尋回，瞎眼今得看見。

黛絲從來沒有失去牠的超能力。牠只是像在夜色中接飛盤一樣，將這些能力帶回來交給我而已。我會好好享受這項謙卑的特權，為牠做牠從前為我做的事。現在換我指引牠走過黑暗了。

黛絲和克里斯多夫的年紀越來越大，我對牠們的愛也燒得更旺，迸發出燦爛的火花。我們的世界一點也不黑暗。但是……黛絲和克里斯多夫離開我們之後呢？

找回對生命的熱情　克里斯與黛絲二號

克里斯多夫死後沒多久，黛絲也離開了這個世界。我之所以能繼續過日子，是因為我腦中有個撫慰人心的想法：我還可以自殺。

黛絲十六歲那一年，身體健康每下愈況。一個初夏早晨，我們發現克里斯多夫躺在豬圈裡，於睡夢中離世。我非常震驚，因為先前完全沒有任何預兆。克里斯多夫十四歲時罹患了輕微的關節炎，除此之外牠的狀況看起來還不錯。由於沒有症狀顯示牠的健康急速惡化，再加上我們不知道豬的壽命有多長，我本來還希望牠會活得比黛絲久，陪我走過黛絲離開的傷痛……結果並非如此。

黛絲在最後一段生命旅程中承受了不少苦痛。我每天都得把乳酸林格式液注入牠體內，好輔助牠日漸衰竭的腎臟器官；有時牠半夜會嗚嗚咽咽地醒來，可能是因為作惡夢，或是意識混沌不清，我無從得知；我只知道牠生活中的痛苦會變得比快樂還多，不過是時間早晚而已。短暫的夏季匆匆過去，一個陽光普照的九月午後，獸醫來我們家，我和霍華把黛絲抱在懷裡，在銀楓樹下用一針結束了牠善良、寬容、燦爛又美好的一生。

我真的好想跟牠一起離開這個世界。失去克里斯多夫已經夠令人心痛了。少了牠的豬圈變得好空虛，就算裡面有那群忙碌的母雞也一樣。光是看著後院就能讓我陷入深沉的哀傷。克里斯多夫死後，我為了黛絲而活。我知道牠快不行了，也知道牠正在垂死邊緣掙扎，但是我們在一起、陪在彼此身邊，對於那短短幾個月和我們兩個來說，這樣就夠了。

黛絲走了之後，雖然我身邊還有親愛的母雞群、心愛的丈夫、可愛的家、關心我的朋友和有意義的工作，但如今這些能為日常生活帶來喜悅的祝福都變得無所謂了。當時是初秋，一年之中我最喜歡的時節，空氣聞起來就像成熟的蘋果。可是我一點也不想從我們家那棵百年的老赤金蘋果樹上摘取珍貴的果實；我不想採最後的夏季藍莓；我完全不期待美麗的秋色或鬆軟的白雪；我不想吃飯，不想睡覺，也不想有人陪；我不想過聖誕節和復活節；我不想迎接新年，甚至是接下來的每一年。我很討厭自己不知感恩的態度。

幾週過去了，幾個月過去了，我心中的絕望感依然像無底洞般看不到盡頭。我的頭髮猛掉、牙齦流血，更糟糕的是，我的大腦有點不對勁。我和別人說話時會先在心裡搜尋適當的詞句，但最後說出口的卻完全相反。有一次，我在一位比較年長的友人家聚會，其中有個八十歲的朋友正在和六十歲的對象約會，我原本想開個小玩笑說他「老牛吃嫩草」，結果居然講成「嫩牛吃老草」，太恐怖了！

我知道自己正陷於危險的憂鬱泥淖中難以自拔。意識到這一點的我開始覺醒，努力想戰勝這一切。我強迫自己喝水、吞嚥食物，還吃了一大堆維他命保健品，並和之前一樣每週到健身中心運動三次，而且每天都會到戶外曬曬太陽。除此之外，為了讓生病的大腦甦醒、恢復活力，我還會在車上跟著錄音帶一起學義大利文。可是這些都沒用。

這是我幾十年來第一次無法利用工作來逃避現實。克里斯多夫離開後，為了紀念牠，我開始撰寫我們一起生活的回憶錄。當時我每天的工作就是用生動鮮明的細節詳細描繪克里斯多夫、黛絲和牠們身邊的動物家人在過去十四年所帶給我的閒適與快樂，這種閒適與快樂已經隨著牠們的離去永遠消逝無蹤。就連隔壁的小姊妹也搬走了。寫書只讓我覺得心神耗竭、痛苦不堪，完全沒辦法宣洩情緒。

我每天都很努力地寫，拚命寫，想趕快把手稿寫完。然後呢？克里斯多夫和黛絲還是不會回來。難道我的餘生就要在這些悲傷與痛苦中度過了嗎？

我心想：我受不了這種事。

接著我想起母親抗癌時所留下的鎮靜劑注射液。她過世之後，我就把鎮靜劑帶回家，想用安全的方式銷毀。但是我從未付諸行動。

我做了一個決定。假如寫完手稿後的感覺沒有比較好，我就要用簡單的一針來結束這些痛苦，就像獸醫結束動物的痛苦一樣。我會因為注射鎮靜劑過量而死。不過，當時的我不知道這個計畫注定會失敗，因為鎮靜劑過量並不會導致死亡，只是會讓我睡得比平常久而已。另外，憂鬱纏身的我也沒有意識到自殺會對那些活著的人造成多麼可怕的打擊。自殺只會把我的痛苦轉嫁到我愛的人身上。我一點也不想這樣。

可是這個決定帶給我一種很奇怪的平靜感。我知道自己不必終生承受這種煎熬，我可以硬著頭皮撐下去，直到完成自己的責任和義務為止。至少眼前還有盡頭。不是情況好轉、然後繼續過生活，就是痛苦依舊、但有辦法可以結束這一切。

除了克里斯多夫的故事外，我在做出最終抉擇前還有另一項義務要履行。我和出版社簽了合約，要寫一本篇幅較短、以青少年和兒童為目標讀者的書，內容描述麗莎達貝克博士（Lisa Dabek）的研究及保育工作。麗莎是一位非常了不起的研究員，最近她開始用無線電項圈等裝置，追蹤住在巴布亞新幾內亞森林裡的樹袋鼠。幾年前我和麗莎在一場座談會上認識（座談主題是我寫的那本關於亞馬遜粉紅海豚的書），從此以後我們就變成了好朋友，我很榮幸能為這本書執筆，介紹她重要的工作成果。我預計在三月前往麗莎的研究地點。三月的新罕布夏格外陰沉，空氣中瀰漫著沮喪的味道，逐漸融化的冬雪和泥土混雜在一起，一切看起來又灰又髒。我想，這可能是我這輩子最後一次遠征探險了。

麗莎說，徒步前往研究地點的前三個小時應該是整段路程中最辛苦、最吃力的時刻。果然沒錯。我心想，三個小時後非給我變得輕鬆一點不可。穿越雲霧森林的這段旅程中，每踩在泥濘上一步（有時還得爬上四十五度的陡坡），我的心就像瘋狂的邦哥鼓（bongo drum）一樣在我胸口裡狂跳。我緊握著登山手杖，大口大口地喘氣。有個來自村莊的八歲小孩替我背背包，因為我沒辦法自己背；其中一位擔任挑夫的當地女子伸出一隻滿是疥瘡的手想幫忙。顯然她有皮膚病。我感激地抓住她的手。大汗淋灕，肌肉痠痛，皮膚傳染病，螫人的蕁麻掃過皮膚所帶來的痛楚，從葉尖掉下來、可能會跑進眼睛裡的水蛭……這些都無所謂，此時此刻唯一重要的是努力挪動雙腿，踏出一步又一步，直到前三個小時的路程結束，終於可以坐下來休息為止。

在那之後，我們還有六個小時的路程，而且是當天要走完。麗莎的研究地點在巴布亞新幾內亞的休恩半島（Huon Peninsula），隱身於三千多公尺高的山林裡，位置非常偏遠；據她所知，除了他們的研究團隊外，目前沒有其他白人來過這一區。我們一行人，包含八位研究人員和四十四位幫忙我們搬運食物、營地用品及科學設備的亞萬村（Yawan）村民，其中男、女、小孩都有，必須徒步走上三天才能抵達目的地。

筋疲力盡的我和其他人一起坐在隆起的山脊上。麗莎用鼓勵的語氣告訴我，之前的團隊中有位三十歲的健身狂，他就是在這裡大吐特吐，說他覺得自己再也走不動了（不過他後來還是成功抵達營地）。最後，除了緊盯著在泥濘的地上打滑的雙腳外，我還能抬頭欣賞眼前那片難以言喻的美。井然有序的亞萬村和托威村（Towet）就座落在遠方的山腳下，質樸的草葉屋頂及整齊的菜園和花園盡收眼底。環顧四周，濃密的苔蘚如絲絨帷幔般垂掛在高聳的樹木上；青翠的蒼綠中點綴著紅色和橘色的野薑與野杜鵑。橙色的樹蕨嫩芽長得比高麗菜還大，讓我想起黎明的曙光；空氣中不時傳來長尾鸚鵡嘰嘰喳喳的叫聲。兩名團隊成員（一位是來自西雅圖的獸醫，一位是來自明尼亞波利斯的動物園管理員）開始唱起歌來，當地村民也紛紛加入，大家似乎玩得很開心。我把心思放在爬山上，全神貫注地往前走。其實就算跌下山崖死掉我也無所謂，只是我不想毀了其他人的興致，破壞這場探險。

六個小時後，大家正冒著風雨、急急忙忙地搭帳篷，我則離開營地，走進杳無人跡的雲霧森林中嘔吐。

這個舉動很不明智。一個人很有可能一眨眼就消失在雲霧森林裡。滂沱的雨勢足以將我的足跡沖刷殆盡，掩蓋我呼喊的聲音。但是我並沒有大聲求助。我沒有意識到高山症和體溫過低的問題已經影響到我的感官知覺。當我的攝影師朋友尼克找到我的時候，我一臉恍惚，嘴唇和指尖都變成藍色的。他趕緊帶我回到帳篷裡休息。

麗莎和那位獸醫火速把我身上濕透的衣服脫下來，用睡袋緊緊裹住我失溫的身體，然後遞給我一杯熱飲。「還需要什麼嗎？」麗莎溫柔地問道。

現在我的大腦又開始運轉了。「嗯，」我說。「如果有人可以幫忙找一下我的背包……」我想要的東西就放在盥洗用品夾鏈袋裡。除了銀色婚戒外，我還在夾鏈袋裡放了另一個寶貝，這樣它們才不會在爬山途中掉了。那是一只中空的銀色手鐲，是我朋友在黛絲死後送給我的。裡面放了一些黛絲的骨灰。

隔天早上，我們展開了另一段長達三小時、令人疲憊不堪的旅程，並在一個名叫瓦紹努（Wasaunon）的地方紮營。接下來兩週，研究團隊會以這裡為基地出發尋找瀕危赤樹袋鼠（Matschie's tree kangaroo），並替牠們戴上無線電項圈，然後釋放，進行後續追蹤。麗莎的研究工作至關重要，因為調查、了解樹袋鼠的活動範圍和需求後，就能進一步規畫出保育藍圖，保護這片珍貴的雲霧森林。

營地中矗立著許多參天古木，彷彿一群蓄著苔蘚鬍鬚的善良巫師正在守護我們的帳篷。苔蘚和蕨類植物遍布四周，各式各樣的地衣、蘚類植物、真菌和蘭花落散各地，但最讓我著迷的是那些小小的苔蘚。這片綠色絲絨似乎籠罩了整個世界，好像飄蕩在高山間的山嵐及雲靄凝結成綠色、活過來似的。十九世紀的英國藝評家約翰羅斯金（John Ruskin）說這些謙遜、柔和又古老的苔蘚是

「地球最初的慈悲」。這樣的慈悲正環繞著我，無處不在，它披覆在樹幹上、藤蔓上、地面上，原諒所有笨拙的腳步，緩和所有墜落的衝擊。

樹枝上懸掛著一簇簇濃密的橘色苔蘚，而橘色正是樹袋鼠的顏色。「過去幾年，我們看到的就只有這樣。」麗莎說。現在那些難以捉摸的樹袋鼠一定就坐在柔軟的苔蘚坐墊上。麗莎研究的物種為赤樹袋鼠，這種樹袋鼠體型大約和一隻大貓差不多，有個濕潤的粉紅色鼻子和毛茸茸的長尾巴，幾乎全身上下都覆蓋著橘褐色的毛（只有腹部是檸檬黃色）。不僅兒童繪本作家蘇斯博士（Dr. Seuss）想不出比樹袋鼠更可愛的生物，就連美國玩具公司 Gund 也無法推出比牠們更想讓人抱抱的絨毛玩偶。我們的工作就是在這些蕨類、蘭花、薄霧和苔蘚中尋找牠們的身影，為牠們戴上無線電項圈，然後追蹤這些長相可愛、似乎只有在童書裡才會出現的動物。

「大約十一點左右，奇蹟出現了。」我在田野日記上寫道。「追蹤人員帶了一隻大長吻針鼴回來！這是蘇斯博士筆下的另一個角色，現在活生生出現在這裡！牠是新幾內亞的原生物種，身體像顆毛茸茸又帶刺的胖枕頭，有一對小巧可愛的黑眼睛、看似後彎的黑腳，以及長約十五公分的管狀口鼻部。由於真的太長了，牠在緩慢移動時還被自己的口鼻絆倒。」

我們的小訪客似乎很泰然，完全沒有因為被抓而緊張不安。追蹤人員把牠從咖啡袋裡放出來沒多久，牠就開始到處探索，用強壯的手爪在桌子（我們把幾棵小樹綑起來充當桌子）上挖出一個洞。牠把鼻子戳進土裡，彷彿泥土是水似的，接著便像一縷煙般輕鬆地穿過移動式廚房的樹牆。我小心地摸摸牠的背，牠沒有躲開；我發現牠身上的深灰色毛髮出乎意料地柔軟，但那幾根象牙色尖刺卻非常銳利。或許這些刺就是牠的自信來源吧。雖然我們可以一直看牠，看到地老天荒，但是我們不想讓牠緊張、產生壓力，所以花了大約十分鐘拍照錄影後，我們就把牠放進咖啡袋送牠回家了。

「距離針鼴造訪好像才過了幾分鐘，另一個追蹤小組就帶了一隻高山袋貂回來！」我繼續在田野日記上描述當天的情況。「牠是個胖嘟嘟又毛茸茸的小傢伙，有一雙碩大的棕色眼睛，除了腹部的毛是月牙白之外，其他的毛都是深褐色，手腳和緊蜷成一團的尾巴底部則是粉紅色。」

我們似乎在每一個旅程轉角都遇見了意想不到的珍稀動物，牠們不但有驚人的軀體、不可思議的能力，還有討人喜歡的可愛名字。針鼴是地球上唯二的卵生哺乳類之一（另一個是鴨嘴獸）；高山袋貂體重平均將近二公斤，屬於行蹤神祕的夜行性動物；至於其他動物我們只是發現巢窩、洞穴和藏匿處，並沒有親眼見到牠們的廬山真面目。例如，我們發現了一座小土丘，有隻體型大小和雞差不多的塚雉在上面挖了一個大洞，並利用土壤堆肥所產生的溫度來孵蛋（而且是由雄性來照顧這些蛋，有需要的話牠們會調節溫度，挖出通風口來降溫）；我們在營地附近雜草叢生的區域中找到了沼林袋鼠挖的巢穴，這種身材圓滾、毛髮濃密，看起來很像袋鼠的動物有粗短的尾巴和一對警覺性強、可以隨意轉動的耳朵；除此之外，追蹤人員還說他們在營地附近看到了一隻體型嬌小、臉長得很像蹬羚的羚袋鼠。

這片雲霧森林瀰漫著獨特又活躍的生命力，我之前從來沒有在別的棲息地中體驗到這種感受。不像亞馬遜叢林或其他熱帶雨林，這裡沒有蚊子（太冷了），沒有會咬人的螞蟻，也沒有毒蛇、蜘蛛或蠍子。生機盎然的瓦紹努孕育出各式各樣的生命，而且住在這裡的生物似乎都很和善，充滿仁慈之心。

每天都有新的驚喜。小徑上的野草莓，比縫紉用大頭針還小的迷你蘭花，夜拍時看見的流星……就連我身邊的人也都很棒，有的來自美國，有的來自澳洲，有的來自紐西蘭，有的來自巴布亞新幾內亞。其中有三個人之前就是朋友；第一週的旅程結束後，我們大家都變成了朋友。科學家與追蹤人員，當地人與外地人，無論是動物園管理員、藝術工作者或是研究人員，大家全都聚在一起，攜手面對這項充滿挑戰的任務，並帶著保護生態的心探索這座原始的雲霧森林。

營地的生活並不輕鬆。樹袋鼠的行蹤神秘莫測；衣服永遠是濕的；白天和夜晚的氣溫低到我們看得見自己呼出來的水霧。雖然我每天睡覺都把所有衣服穿在身上，像緊握的拳頭般蜷縮在睡袋裡，但起床時還是冷得直發抖。可是研究工作很重要，夥伴們很溫暖，環境也很迷人，迷人到不可思議。

有天清晨，我們突然感覺到大地在震動。是地震，無害的小地震。事實上，這些微弱的自然顫動讓我有種安心感。「在這裡，地球感覺好不一樣，」我在田野日記中寫道。「難怪我們有時會感受到大地深處跳動的熔岩心臟。」

麗莎告訴我，四月一號早上起床的那一刻，她就知道那天一定是美好的一天。我們倆都喜歡早起目送追蹤小組出發尋找樹袋鼠。當地人的良善讓我印象深刻，不只是對所謂的「西方人」（新幾內亞的部落曾經廣獵西方人的人頭）而已，對動物也是（將近一個世代前，他們還會吃這些動物，並用動物毛皮妝點儀式或慶典穿的服飾）。

早上八點三十五分，我和麗莎正在小溪邊洗碗盤，就在這時，追蹤小組捎來了好消息：樹袋鼠！而且有兩隻！應該是樹袋鼠媽媽和寶寶。我們跟在追蹤人員後方飛也似地狂奔，追蹤人員用皮欽語（Tok Pisin，當地的官方商業語言）說，那兩隻樹袋鼠就躲在附近的樹裡。也許你會想，怎麼可能把動物從樹裡抓出來？但追蹤小組知道該怎麼做。首先，在樹周圍搭建簡易的圍籬，接著派一位追蹤人員爬到鄰近的樹上，樹袋鼠會躍下枝頭、落到地面，其他追蹤人員就可以抓住牠強健的尾巴，迅速將牠塞進咖啡袋裡。

把樹袋鼠帶回營地後，我們才發現那個「寶寶」原來是一隻成年的雄樹袋鼠。追蹤小組發現的是兩隻正在約會的樹袋鼠！除此之外，這也是麗莎在這項研究中第一次用無線電項圈追蹤雄性樹袋鼠。「這真的是奇蹟耶！」她放聲大喊。「第一隻戴上無線電項圈的雄性赤樹袋鼠！」麗莎的新幾內亞學生說。「歷史性的一刻！」

為了在不嚇到樹袋鼠的情況下替牠們做檢查、戴上無線電追蹤項圈，獸醫輕手輕腳地麻醉這兩隻小傢伙。第一個檢查的是雌樹袋鼠，牠身上的毛是美麗的熱帶雨林蘭花色，長長的尾巴是金色，背部是深栗色，善於爬樹的彎曲手爪則閃著赭色的光芒。我忍不住伸出手撫摸牠的毛皮，就像從前撫摸黛絲一樣。牠的毛比雲朵還要柔軟。

戴好無線電項圈的樹袋鼠在布滿草葉的大圍欄裡等待黎明、等待釋放，我

我在這座雲霧森林中再次找
到了讓我們保有個體完整與
健全心智的野性。

們則絞盡腦汁地想到底要幫牠們取什麼名字。不過麗莎已經決定好了，就叫克里斯多夫和黛絲。

我走在通往釋放地點的小路上，路面越來越濕滑，腳上的靴子也因為沾滿泥塊而變得越來越沉。樹袋鼠的名字隨著笨重的腳步節奏不斷跳出來，在我心裡顫動。黛絲。克里斯。黛絲。克里斯。這兩個可愛的名字，我在過去十四年和牠們相處的日子裡說過多少次？自從牠們死後，光是聽見牠們的名字就好像箭刺在我心上一樣。可是現在不一樣了。黛絲。克里斯。黛絲。克里斯。反覆唸誦牠們的名字變成了一種吟唱，一種箴言，一種祈禱，一種呼喚，讓我能帶著感謝懷念心愛的小豬與狗狗，在這場重要的釋放行動中保持正常、良好的心智狀態。

當然，這些美麗的野生樹袋鼠並不是我的克里斯與黛絲，也沒有被牠們的靈魂附身。牠們是複雜的生命個體，喜歡屬於自己獨一無二的生活；然而對我來說，牠們同時也是野性本身。這兩隻樹袋鼠懷著存在於所有生物體內、活潑跳動、充滿野性的心，那是一種我們透過呼吸和血液傳達出來、以表致敬的野性，一種讓我們繼續在這顆旋轉行星上生存的野性。我在這座雲霧森林中再次找到了讓我們保有個體完整與健全心智的野性，找到了對生命的狂熱與美好的渴望。

將克里斯多夫與黛絲放回森林的那天，我的心也跟著釋放，得著自由。

讓我有更多能力去愛

莎莉

我的書桌上擺了一張用來提醒自己的卡片，上面寫著英國詩人伊迪絲西特維爾（Edith Sitwell）的話：「愛不會因為死亡而有所改變。世上無所謂失去；到了最後，一切都是收穫。」

我的朋友們都再三保證，克里斯多夫和黛絲一定還陪在我身邊。當初送我們第一群母雞作為喬遷之禮的葛蕾茜沃格（Gretchen Vogel）是個靈媒，她告訴我，她來我們家時有看到克里斯多夫和黛絲，而且三百四十幾公斤的克里斯多夫看起來甚至比生前更胖，像艘大飛艇一樣在我後面飄呀飄的；至於黛絲則和白晝一樣蒼白，牠就坐在廚房的黑白油氈地磚上，守在我身邊。

可是為什麼我看不到牠們？

FOOD

我一直都沒有什麼特殊的天賦，像是能看見異象、做奇特的夢或是和靈體溝通之類的。高中上聖經研究的時候，我對自己很失望，因為我每次都啞口無言，無法講出什麼看法或觀點。我相信靈魂會存留於這個世界，這項理念在我的信仰中占有舉足輕重的地位，但是我從來沒有、也沒辦法感受到那些死去的愛人或動物的存在，這讓我非常灰心，覺得很挫敗。我能做的只有默默想念他們。我向一個在亞馬遜認識的朋友（一位前美國海軍，同時也是武術高手）傾訴這件事。「喔，可是妳的確感覺到牠們啦，」他溫柔地說。「妳在想念他們時的那些感受不是他們的『不在』，而是他們的『存在』。」

這番充滿智慧的話撫慰了我的心，但我還是忍不住渴求，希望能有一點徵兆、一點感覺和一點交流。

某個一月夜晚，在我從巴布亞新幾內亞回來後，在我開始撰寫與克里斯多夫共同生活的回憶錄後，在我完成有關樹袋鼠的書後，在我參加完另一場亞馬遜研究之旅及義大利研究之旅後，在牠離開了一年半後——黛絲來到我的夢裡，讓我看見未來的希望和喜悅。

我經常夢見動物，夢中的牠們都很開心。可是這次的夢不一樣。夢境以一場危機揭開序幕；有個朋友送我們一隻邊境牧羊犬寶寶（還有比這更棒的事嗎？），但我卻心煩意亂，因為夢中的幼犬體型大小和剛出生的老鼠差不多，我很怕牠會死掉。我不知道該怎麼讓狗狗活下去。我覺得好無助。

接著，有人站在門口。我沒有聽見敲門聲，但我知道門外有人。我打開後門，發現黛絲就站在那裡。

噢！能再次看到黛絲真的好開心！當時雖然在夢裡，但我還是很清楚黛絲已經死了，我知道夢中的牠不是實體，是靈魂，牠是來幫助我的。我飛也似地衝去找霍華，我們回到門邊時，黛絲已經不見了，牠原本站的地方出現了另一隻邊境牧羊犬。

這隻邊境牧羊犬就跟黛絲一樣鼻子上有白色條紋，四肢和尾巴末端也是白色的，但牠的毛髮比黛絲濃密，兩隻耳朵豎得高高的，耳尖並沒有垂下來，脖子上也沒有像黛絲一樣圍了一圈白毛。牠睜著圓圓的褐色眼睛，熱切又期盼地望著我們。

剎那間我突然明白，這隻狗是黛絲派來的。我起床後做的第一件事，就是尋找夢境中的狗。

我和霍華在彼此不知情的情況下分別上了同一個提供邊境牧羊犬救援服務的網站。這家非營利機構位於紐約州北部的偏遠鄉村，就算不是全國最大、也是該行政區最大的邊境牧羊犬救援中心。中心裡有許多待領養的純種與混種邊境牧羊犬，民眾也可以在網站上看到許多可愛的照片及鉅細靡遺的狗狗故事。「格倫高地農場甜蜜邊境牧羊犬救援中心」顯然是絕佳的起點，我可以從這裡下手，開始尋找黛絲在夢中顯現給我看的那隻狗。我有種強烈的感覺，牠一定是女生沒錯。可是我認得出牠嗎？

從救援中心領養狗狗並不容易。這些狗在農場裡過著快樂的生活，不僅能在占地遼闊、設有籬笆的草原上自由奔跑，還能親近美麗的池塘和樹林；晚上則可以到溫暖舒適的室內休息，睡在鬆軟的狗床和沙發上，還有一大堆玩具、志工和其他狗夥伴陪玩，難怪救援中心只願意讓狗狗去那些生活條件比中心更優的領養家庭。為了成為潛在領養人，我們必須填寫一長串表格，提供房子和院子的照片，還要請獸醫和至少一位鄰居寫推薦信，證明我們確實適合、也有能力飼養邊境牧羊犬。提交完相關文件之後，中心會告訴我們什麼時候可以過去。我們收到通知時已經是二月了，接著就是等對方打電話來，確認預約的時間。

然而這通電話來得太倉促，我們來不及安排這趟旅程，畢竟開車到農場需要一整天的時間，我們一定要找個地方過夜。因此，失望的我們只好重新預約，希望幾週後，也就是三月再過去拜訪。這一次，我們會住在霍華爸媽位於長島的家，然後開車前往救援中心。我把黛絲以前用的碗、牽繩和毯子放進車裡，一顆心撲通撲通地狂跳。霍華和我已經把網站上的狗狗照片看過好幾輪了。到底是哪一隻呢？牠認得出我們嗎？我們認得出牠嗎？要是我選錯，讓堅定又勇敢的黛絲失望怎麼辦？牠可是大老遠從亡者之地跑回家，想讓我知道對的狗長什麼樣子耶。

從長島出發的前一晚，我們吃完晚餐回家，發現霍華爸媽的電話答錄機上有一通留言。農場中有不少邊境牧羊犬生病，所以這次的預約又取消了。

很明顯，雖然格倫高地農場裡有很多很棒且待領養的狗狗，但我們的狗不在那裡。

牠到底在哪裡呢？

回到家後，我開始瀏覽其他救援組織的網站，像是新罕布夏動物救援組織、找寵物（Petfinder.com）、新罕布夏州、麻薩諸塞州、康乃狄克州、羅德島和緬因州的人道協會，以及新英格蘭邊境牧羊犬救援中心等。不知怎的，當時待領養的邊境牧羊犬很少，其中也沒有母幼犬。我急得快瘋了。現在是四月，距離黛絲託夢給我已經過了三個月，看樣子我不只是可能，而且是很有可能會讓牠失望；與此同時，那隻命中注定要成為我們家一分子的狗還在外面某個地方受苦。我完全不知道該從哪裡開始才好。

專門培育品種狗的犬舍不在考量之內。我們知道隔壁鎮有一位非常出色的培育師，但他主要培育專業的工作犬，而非一般寵物；再說，我們一直都想領養過去活得很辛苦、沒有幸福居所的邊境牧羊犬，讓牠有個溫暖的家。

在不抱任何希望的情況下，我把夢想交給慈悲的宇宙。我和一些朋友說我們正在尋找年輕的邊境牧羊母犬。其中一位朋友是《洋基》的專欄作家，而且人脈很廣，好像新英格蘭區一半的人他都認識；另一位是當地人道協會的委員；第三位則是在麻薩諸塞州的防止虐待動物協會（SPCA）工作。他們一定會有相關的消息或線索。

除此之外，我也一時心血來潮，打了個電話給伊芙琳，就是那位管理私人救援機構、讓我們領養黛絲的女人。自從把黛絲帶回家後，我們就一直維持朋友關係，也第一時間通知她關於黛絲的死訊，我想如果她那邊突然剛好有其他邊境牧羊犬（雖然不太可能），應該早就打給我們了。黛絲是伊芙琳過去十四年來收容的唯一一隻邊境牧羊犬。不管怎樣，我還是撥了電話，告訴她我們正在找待領養的狗。

伊芙琳好像有點嚇到，她在電話那頭沉默了幾秒，接著說：

「我這裡剛好有一隻母犬。」

那隻狗大概五歲左右。伊芙琳不是很確定。牠在來到伊芙琳的救援機構之前待過兩個不同的家庭，但過去那些主人都不是很關心牠，也沒有好好照顧牠。之前的主人幫牠取名叫柔伊（Zooey），可是牠對這個名字完全沒反應，叫都叫不來；伊芙琳猜想，可能是讀音聽起來太像「no」了，於是便幫牠取了一個新名字叫莎克。

莎克的故事很可憐。之前牠和隔壁鄰居的邊境牧羊犬在不適宜的時間點交配（伊芙琳認為可能是人為強迫配種），並在冬天生了八隻同胎、非常名貴的純種邊境牧羊犬。由於莎克的主人強迫牠在冬天生產，又把剛出生的幼犬安置在冰冷的地下室水泥地上，所有狗寶寶都快凍死了。一直到八隻幼犬裡死了五隻，莎克的主人才打電話給伊芙琳求助。

伊芙琳抵達時發現這個新手媽媽既焦急又絕望，一直在裝有小狗的箱子裡跑進跑出，牠知道自己的寶寶快要死了，可是卻無力拯救牠們。「我真的看不下去，」伊芙琳告訴我。「牠身上滿是跳蚤，毛幾乎都禿光了，只看到一大堆跳蚤。我還幫牠處理了犬疥癬病的問題。我唯一能做的就是忍住怒火，不要咒罵那些人。」

伊芙琳把剩下的三隻幼犬從鬼門關前救了回來。莎克的主人打算以高價出售幼犬，但狗媽媽對他來說已經沒用了，於是伊芙琳便把莎克帶回去悉心照料，直到牠恢復健康。伊芙琳說，現在牠的毛都長回來了，「牠是一隻很漂亮的狗，只是社會化程度不高，社交能力不太好。」

我和霍華決定去看看莎克。

「莎克！乖！冷靜！快點！」伊芙琳責備正在和牽繩拔河的狗狗。乍看之下，莎克和黛絲像得驚人：一隻典型的邊境牧羊犬，腳上穿著白襪，鼻子上有一道白色條紋，脖子和胸口都是白毛，周圍則襯著黑毛。當然啦，莎克還是很不一樣，牠和黛絲之間的差異很快就現身了。

莎克的體型比黛絲大得多，大概比牠重將近四公斤，而且耳朵豎得高高的，毛也比較濃密。除此之外，牠的性情也和黛絲完全不同。從相遇的那一刻起，黛絲和我們就很合得來，霍華在第一次丟飛盤給黛絲玩後就愛上牠了；可是莎克……霍華語帶失望地說，「牠完全不理飛出去的飛盤，也不去撿球。牠似乎對任何玩具都沒興趣。」

另外，不管是用舊名字柔伊或是新名字莎克叫牠，牠都沒反應。事實上，牠好像完全聽不懂英文。以前黛絲會用炙熱的眼神專注地看著我們，總是想知道我們在做什麼；相反的，任何人事物都能引起莎克的注意，只要一有新的東西出現，牠就會立刻分心，轉移焦點。

霍華不喜歡莎克的毛。雖然牠的毛在治療完犬疥癬蟲後已經長回來了，而且又蓬鬆又柔軟，背部往後腿和臀部的地方還有一些獨特的小捲毛，但牠的毛色帶有一絲棕色，不像黛絲是閃亮的烏黑色。他也不喜歡牠往右捲的尾巴（可能是因為手術的關係才往右捲），不喜歡牠的年紀，覺得五歲太老了。黛絲的死讓霍華傷心欲絕，如果我們要領養新的狗，他希望可以養一隻至少能像黛絲一樣陪伴我們那麼久的狗。雖然莎克在初次見面時就懇切地倚在霍華身上，但他還是不想要牠。

不過，從側面看莎克時，我注意到一件很重要的事。牠的頸部是有白毛沒錯，但並沒有繞脖子一圈。牠右邊的脖子是純黑色，看起來完全不像脖子上圍了一圈白毛。牠就是夢裡的那隻狗。

我們再度前往救援機構看莎克，霍華依舊難以承受，不想帶牠回家。我一個人開車到朋友莉茲湯瑪斯的住處，坐在餐桌邊啜泣。我回到家時，霍華躺在床上，沒有開燈。黑暗中傳來他的聲音：「我們去把那隻狗帶回來吧。」第二天，我們就開車去伊芙琳那裡把莎克接回家了。

「祝你們好運！」伊芙琳在我們開車離開時大喊。「牠可是百分之百的狗喔！」

伊芙琳說得沒錯，牠真的是百分之百的狗。住進我們家的第一天，牠就隨地大小便，幾乎所有房間裡都有牠的戰果，就連地下室也無法倖免（不幸的是我們過了好幾天才發現）。除此之外，牠也是翻箱倒櫃的箇中高手，只要是牠碰得到的食物，就逃不過牠的嘴。牠還在草坪上挖洞（黛絲從來不會這樣），喜歡滾來滾去、吃其他動物的糞便，而且好像真的完全聽不懂英文。

不過，牠的學習能力很強。我們幫牠取了一個新名字叫莎莉，帶牠回家的第一天，牠就對這兩個字有反應，也聽得懂我們在叫牠。第二天，莎莉再也沒有在屋子裡隨意便溺——除了地下室之外。可能是因為牠之前被關在地下室裡生寶寶，所以才覺得那裡是可以上廁所的地方。

我和莎莉一起去了兩個不同的地點參加犬隻服從訓練團體課程，同時接受私人馴犬師指導。牠很快就培養出超強的記憶力（只要叫牠，牠就一定會來），乖乖服從所有標準指令，甚至提示牠握手也沒問題。一個月的訓練結束後，莎莉獲得了本地人道協會頒發的「有禮貌證書」（我們很驕傲地把證書貼在冰箱上）；當天晚上，莎莉就證明了自己當之無愧：在我把晚餐送上桌前，牠就把放在流理臺上要給霍華的蟹肉餅從盤子裡撥下來吃掉了。牠吃了我幫朋友做的生日蛋糕。牠打開櫃子的門吃掉一整盒燕麥片，弄得到處都是，好像燕麥盒大爆炸一樣。

我想應該可以說，不管我叫莎莉做什麼牠都會乖乖去做，而且做得更多！問題就出在那些我們沒叫牠做的事。牠的記憶力很好，好到我們帶牠去林間健行時可以不用牽繩，放心地讓牠自由奔走。我生活中最大的樂趣之一就是早上和莎莉一起散步，下午則帶著牠和我朋友裘蒂辛普森與她的標準貴賓犬「珍珠」和「梅兒」出門蹓躂，但莎莉經常會在散步途中亂吃一些奇怪的東西，或是在可怕的東西上滾來滾去。有一次健行完後，莎莉身上又臭又黏，沒辦法和其他狗一起坐後座，所以我不得不弓著身體和牠一起擠在裘蒂的深藍色休旅車後車廂裡。

還有一次，我們沿著一條泥土路散步，那邊有住戶養了幾隻德國短毛指標犬，並在院子裡設了隱形圍籬，防止狗狗走失。不過莎莉仍然我行我素地穿過狗門，直衝進人家家裡，把剛生完寶寶的狗媽媽嚇了一大跳，還莫名其妙地引爆兩隻指標犬之間的衝突，鬧到狗主人最後不得不把兩隻吵架的狗隔開，結果手被咬傷，需要送急診。由於那位住戶剛好是律師，要告我們輕而易舉，因此我特別、也真的很感謝她原諒莎莉，對牠引發這場混戰毫不追究。

莎莉很喜歡偷東西。牠會偷背包裡的午餐，還會在你準備大吃一頓時火速地把你手上的三明治搶走。有天早上，莎莉從廚房咬了一塊鋼絲球，在飯廳的地毯上留下一道長長的橘色鐵鏽碎屑痕跡。另外，牠還會打開水槽下方的櫃子翻垃圾，而且老是露出一副得意的表情，好像對自己的成就感到自豪。我每次都忍不住哈哈大笑。霍華都叫牠「莎莉小偷」，但他每次單獨開著小卡車載牠時，都會深情款款地對牠唱知名創作歌手布魯斯史普林斯汀（Bruce Springsteen）的《寶貝，我想娶妳》（Little Girl, I Want to Marry You）。

莎莉和黛絲雖然品種相同，性情特質卻完全相反。黛絲是個優雅的運動好手；莎莉經常撞翻東西。黛絲只喜歡飛盤和網球，對其他玩具一概不屑；莎莉則超愛除了飛盤以外的玩具（但牠還是會勉強去接飛盤討霍華歡心）。黛絲很愛我們，但牠覺得摸摸幾分鐘就夠了，再多就太超過，而且也不喜歡梳毛；莎莉則非常愛撒嬌，甚至會親近陌生人，把鼻子貼到他們臉上討親親。牠很愛梳毛，每天晚上我帶著滿滿的愛梳理牠那身濃密豐盈的毛髮時，牠都會盡情享受，乖乖地讓我梳上一個多小時。改吃別種狗食後，莎莉毛髮裡那一絲棕色，也就是霍華之前不喜歡的那部分消失了，變成閃亮的烏黑色。

我再度體會到一種完整、完滿的感覺。莎莉帶來了難以言喻的快樂。我喜歡牠身上柔軟的毛，喜歡牠腳掌聞起來有玉米粉的味道，喜歡牠搖搖晃晃的步伐，喜歡牠吃東西吃得津津有味（就算牠吃的是晚餐要用、正在軟化的一整條奶油，或是因為接電話而暫時放在旁邊的麥片也一樣）。我喜歡牠把我旅行帶回來送牠的填充玩具咬得四分五裂、棉花通通跑出來的樣子（看著那些被扯爛的大青鯊、紅犀牛和一隻又一隻的刺蝟玩偶，我真的覺得很有趣）。我也喜歡牠高高豎起的耳朵。我和霍華大學畢業後不久，英國搖滾樂團「警察合唱團」

（Police）就推出了熱門歌曲《她做的每件小事都有魔力》（Every Little Thing She Does Is Magic），而這就是我對莎莉的感覺。

睡覺時，我、霍華和莎莉三個會互相依偎，我們的腿、手臂和尾巴全都交纏在一起。遺憾的是，莎莉經常半夜跳起來朝著屋外遠方的狗狂吠，過沒多久又倒在我們身邊沉沉睡去，發出響亮的鼾聲；我和霍華則躺在床上，心臟砰砰地跳，雙眼直盯著灰泥天花板上的裂縫，一看就是好幾個小時。要是霍華半夜起床的話，莎莉就會立刻而且故意躺他的枕頭、占他的位置；等到霍華回來，牠會露出圓滾的臉頰，揚起一個大微笑。牠覺得這個惡作劇很好笑。我們也有同感。

很多人常提到所謂「一生一世的狗」，這種說法可能是同樣也養了邊境牧羊犬的美國作家強凱茨（Jon Katz）所創造出來的。他說：「有時我們會用特別強烈、甚至難以解釋的方式去愛某些狗。」黛絲就是我們「一生一世的狗」。

莎莉也是。

莎莉不是黛絲或克里斯多夫的替代品。牠不是一隻嚴謹、熱情又聰明的邊境牧羊犬，也不像克里斯多夫是個偉大的佛教禪師，更不像莫莉一樣是個充滿智慧的導師。但是，自從莎莉來到我們家那一刻起，我對牠的愛就跟我對莫莉、黛絲和克里斯多夫的愛一樣多。

這是那些美麗的靈魂在死去時所留下來的禮物。牠們讓我們的心變得更寬廣，有更多能力去愛。多虧了那些在莎莉之前出現、來到我生命中的動物，我才能用我對莫莉的愛、對黛絲的愛、對克里斯多夫的愛，以及對莎莉本身的愛來愛這隻古怪、傻氣、貼心、愛笑、獨特又美好的狗。

「黛絲一定在笑我們。」霍華偶爾會在我忙著清理莎莉撒在廚房地板上的狗食，或是把卡在牠毛裡、臭氣沖天的鹿屍碎屑沖掉時這麼說。我也這麼覺得，而且從不懷疑。我喜歡想像黛絲在天堂上微笑地望著我們，知道每次我看著莎莉的時候，都會帶著滿滿的愛和感謝想著牠。一切都跟牠來到我夢中時所希望的一樣。

幾年後，當我翻看關於莎莉的筆記和注意事項（那是很久以前和伊芙琳講電話時記錄下來的）時，我突然意識到那場夢境還有一個很不可思議的地方。夢的一開始是一場危機：有隻小狗正面臨生命危險，但我卻無力拯救牠。這是我一月時做的夢，而同一個月，當時還叫做柔伊的莎莉被關在遙遠又寒冷的地下室裡，拚了命地想保護凍壞的寶寶，把牠們從死亡邊緣救回來——搞不好跟夢境是同一個晚上發生的也說不定！誰知道呢？雖然那時我還不認識莎莉，但我在夢中瞥見的令人心碎的場景，會不會就是牠當時所面臨的兩難困境？

我心想，黛絲也有去找莎莉嗎？牠讓我看見的會不會是未來的承諾？也許，多虧了黛絲，我和莎莉才能在多年前那一個夜晚於夢中相見。

世界蘊藏各種智慧 奧塔薇亞

我站在一張矮腳凳上俯身向前，努力地在攝氏八度的冰冷鹽水中揮動一隻死掉的魷魚。等到右手的肌肉凍僵了，我就換左手，直到左手同樣凍僵，再也揮不動為止。雖然我拚命想讓手裡的死魷魚看起來像是美味的新鮮食物，但新英格蘭水族館（New England Aquarium）那隻新來的太平洋巨型母章魚「奧塔薇亞」依然靜靜地待在水族箱另一端，這是一個超大水族箱，容量有兩千公升，牠腳上的吸盤緊貼著底部不放。牠不想游過來，應該說，現在還不想。我決定晚點再試試看。我真的好希望、好希望能和這隻章魚做朋友。

當時是春天。我和奧塔薇亞的章魚前輩「雅典娜」邂逅於早春時節。水族館人員打開沉重水族箱蓋的那一刻，雅典娜就游過來仔細地檢查、上下打量我。牠那雙凸出的眼睛在眼窩中旋轉，迎上我的目光，接著，牠就興奮地把四到五隻長約一點二公尺、顏色豔紅的無骨觸腕朝著我的方向伸出水面。我毫不猶豫地把整隻手臂伸進水族箱裡；很快的，我的皮膚上就覆蓋著十幾個，然後是上百個強而有力、大小和硬幣差不多的白色吸盤。章魚可以用皮膚來感受一切，但吸盤的感知能力更細膩、更敏銳。

「妳不怕嗎？」隔天我的朋友裘蒂問道。當時我、莎莉、裘蒂和她的貴賓狗正在森林中健行。我和裘蒂每天都會花好幾個小時陪狗狗玩，和牠們一起運動，她跟我一樣是個超愛動物的人。可是一隻沒有骨頭、冰冷又黏呼呼的章魚？「不會很噁心嗎？」她又問。

「如果有人才剛認識就開始亂摸我，」我承認，「我一定會很驚慌。」不過，今天摸我的是一隻住在地球上的外星人，牠不但能改變自身形狀和顏色，還能把將近二十公斤的寬大柔軟的身體塞進比柳丁還小的開口裡。牠有像鸚鵡一樣的喙狀嘴，像蛇一樣的毒液，還有像老派鋼筆一樣的墨水。但是很明顯，這隻強壯、聰明且和我之前見過的生物截然不同的巨型海洋無脊椎動物對我很有興趣，就跟我對牠很有興趣一樣。這就是我之所以這麼好奇、深受牠吸引的原因。

後來我又去了水族館兩次，想多了解雅典娜一點。牠似乎認得出我。我曾讀過西雅圖水族館的相關實驗報告，證明章魚可以、也確實能辨認出不同的人類個體，就算那些人都穿得一模一樣，就算章魚只是從水裡看他們，牠都還是認得出來。雅典娜願意讓我摸摸牠的頭，之前從來沒有訪客可以這樣摸牠。牠在我的撫摸下變成了白色，表示牠很放鬆。我才剛開始認識牠而已，這隻奇特又令人難以抗拒的生物就已經向我展現了過去從未探索的無限可能，也就是深入研究、了解海洋軟體動物的心智。雖然海洋軟體動物和沒有大腦的蚌類關係緊密，但據說前者非常聰明，也很善解人意。

當時我正在為雜誌寫一篇有關章魚智力的文章，希望之後可以擴大篇幅，發展成一本書。第三次和雅典娜見面後一週，我就接到令人難過的消息。雅典娜去世了。死亡原因可能是年紀太大，不過沒有人敢斷定，因為牠是在大海中出生的，是野生的章魚。話雖如此，雅典娜大概介於三到五歲之間，一般太平洋巨型章魚的壽命差不多就這麼長。

聽到這個壞消息，我的眼淚撲簌簌地掉下來。我這一生走到現在，科學家才開始承認與人類最親近、最相似的黑猩猩是有意識的動物。可是那些跟人類迥然不同、可能只有外太空或科幻小說裡的角色才能與之媲美的奇異生物呢？假如我不只用智力和思維能力，更用心靈做為探詢那些動物內在的工具，會發現什麼呢？現在雅典娜死了，展開新冒險的機會似乎也隨風消逝了。

然而雅典娜死後幾天，我收到了一個邀請。「有一隻年輕的章魚正從太平洋西北部前往波士頓，」水族館工作人員史考特陶德（Scott Dowd）寄了一封電子郵件給我。「有空的話就過來握握（八隻）手吧。」

後來我才知道，「說的比做的容易」這句話一點都沒錯。

「我們晚點再試試看，說不定牠會改變心意。」接觸過不少章魚的水族館長期志工威爾森密納西（Wilson Menashi）建議。當初雅典娜一見到我就立刻抓住我，奧塔薇亞對我卻一點興趣也沒有——就這一點來說，牠應該是對任何人都沒興趣。

「牠們是獨立的個體，」威爾森解釋。「就連龍蝦也有自己的個性啊。」對那些關心章魚的人來說，章魚彼此之間的個性差異非常明顯，水族館人員取的名字往往反映出章魚本身的特質。西雅圖水族館裡有一隻生性膽怯的章魚，每次都躲在過濾器後面不敢出來，於是館方就用隱居詩人艾蜜莉狄更生（Emily Dickinson）的名字為牠命名。由於那隻章魚從不在眾人面前現身，最後他們只好把牠帶到普吉特海灣（Puget Sound），也就是當初抓到牠的地方放生。或許奧塔薇亞和艾蜜莉一樣只是害羞吧。

或許還有另一種解釋。一般來說，只要展示出來的章魚開始出現衰老的跡象，水族館就會找來一隻在水缸裡長大、尚未示人的小章魚，讓牠在取代老章魚住進水族箱前先熟悉一下人類。因為雅典娜死得很突然，水族館必須盡快補上新的章魚，最好還是一隻大到可以讓觀眾驚豔的那種（這種想法可以理解）。奧塔薇亞的體型比雅典娜小，但牠的頭跟哈密瓜差不多大，觸腕也有將近一公尺長，顯然已經有點年紀了。幾週前的牠還是一隻住在海洋裡、可能接近成年的巨型野生章魚。

難怪初次見面那天我試著跟牠互動，而且試了三次，牠都無動於衷。第二次去看牠的情況也差不多。那天早上我又拿魷魚引誘牠，結果完全沒用。後來史考特想到了一個點子，用長鉗子把食物直接送到奧塔薇亞面前。突然間，牠一把抓住鉗子——然後抓住我，開始用力拉。

牠的皮膚呈現豔紅色，表示牠現在很興奮。我也是。牠用三隻觸腕包住我的左手臂，一直包到手肘，同時伸出另一隻觸腕緊緊握住我的右手臂。我完全沒辦法反抗。光是觸腕上的一個大吸盤的吸力就可能重達十四公斤，八隻觸腕上又各有兩百個吸盤。章魚的觸腕一次可拖拉比自己重一百倍的重量。假設奧塔薇亞跟史考特想的一樣重十八公斤，就表示牠能拉動一千八百公斤，而我得用自己的五十四公斤來對抗牠。

但是我連試著逃跑都沒有。我知道奧塔薇亞就跟世界上所有章魚一樣，可能會用那個藏在觸腕匯集處、如鸚鵡喙般尖利的嘴巴狠咬我一口；我也知道牠有毒液。雖然太平洋巨型章魚的毒液不像某些物種的毒液會致命，但還是會毒害神經，導致肌肉溶解，傷口可能要好幾個月才會好。然而奧塔薇亞並沒有讓我覺得受威脅。我感受到的只有牠旺盛的好奇心，就像我對牠充滿好奇一樣。

但史考特不想看到我被拖進水族箱裡。奧塔薇亞抓住一邊的我，他就抓住另一邊的我。「我還以為最後抓的會是妳的腳踝哩！」史考特在奧塔薇亞驟然鬆手時說。

我希望我們之間算是有點突破。至少牠現在對我感興趣了，而且這個興趣似乎沒有侵略性與危險性。可是我對牠的解讀正確嗎？比方說，判斷章魚的意圖不像判斷犬隻的意圖，我只要看一眼就知道莎莉的情緒和感受，就算只能看到牠的尾巴或一隻耳朵也是。不過話說回來，莎莉是我的家人，而且擁有一種以上的感官能力。狗就跟所有胎盤動物一樣，與人類共享了百分之九十的遺傳物質。狗是和人類一起演化的，奧塔薇亞和我的演化進程則相差了五億年。人類真的有可能理解像章魚這種截然不同的生物、感知牠們的情緒嗎？

雖然我在法屬圭亞那和克拉貝兒及其八腳親戚相處的那段時間裡學到了很多，但我之前從來沒有真正認識一隻無脊椎動物，和牠變成親密的朋友，就連「想像和章魚變成朋友」這個行為都會被許多領域視為「擬人化」

（anthropomorphism，亦即將人類的情感投射到動物身上）而加以駁斥。

沒錯，個體很容易將自身的感受投射到他人身上，人與人之間就時常這麼做，例如小心翼翼地為朋友選一個對方不喜歡的禮物，或是約心儀的對象出去，只為了被冷冷地拒絕。然而情感並不是人類的專利。比誤解動物的情緒更糟糕的錯誤，就是假定動物完全沒有情緒。

一個禮拜後，我再度踏進水族館。這一次我有同伴。全國性自然環境廣播節目《地球生活》（Living on Earth）的製作群讀了我寫的雜誌文章，於是便派了節目主持人、製作人和音控團隊來錄製片段，捕捉章魚的智慧。大家——包含威爾森、史考特和每天照顧奧塔薇亞的冷海展演中心（Cold Marine Gallery）主管比爾墨菲（Bill Murphy）——都不知道奧塔薇亞會做出什麼樣的舉動。

我注視著水族箱裡的海水，威爾森則從放在箱蓋上的一小桶魚裡挑了一隻銀色柳葉魚。奧塔薇亞馬上游過來，用吸盤抓住威爾森的手。我猛然把手伸進水裡，牠也立刻抓住我。越來越多蜷曲的觸腕浮出水面。「去吧，你可以摸摸牠。」比爾對廣播節目主持人史蒂夫科伍德（Steve Curwood）說。「喔！牠握住了耶！」一個吸盤抓住史蒂夫的食指，他忍不住驚呼，看起來非常開心。

過了不久，奧塔薇亞便將牠用來感受我們的吸力和抓力、皮膚上躍動的燦爛色彩，以及吸盤、觸腕和眼睛的特技表演編織出一場震撼的感官饗宴，我們六人（我、比爾、史蒂夫和威爾森的手都在水裡，製作人和錄音師則在水族箱旁邊看）都深深沉浸其中、難以自拔。我們輕輕地撫摸牠，感受牠在觸知我們皮膚時所留下的柔滑黏液，還有吸吮製造出來的紅色吻痕。我們看著牠改變皮膚表層的形狀，冒出一個個乳頭狀的凸起物，有時看起來就像帶刺的外皮，有時像胖胖的雞皮疙瘩，有時又在牠的眼周形成小小的觸角。

我們決定餵牠第二條柳葉魚。當我們看向水族箱邊緣時，原本裝魚的桶子不見了。

奧塔薇亞就這樣在六個人類的注視下偷走了那個魚桶。

我們完全沒有想把桶子拿回來的意思。奧塔薇亞把裡面的魚全都倒出來，將桶子藏在身體下方，好奇地探索這個陌生的東西。牠一邊和桶子玩，一邊和我們玩。一心多用對章魚來說輕而易舉，因為牠們有五分之三的神經元不在大腦裡，而是分布在觸腕上，幾乎就像每隻觸腕都有自己的大腦，一個渴望且喜歡刺激的大腦。

我注意到奧塔薇亞皮膚上的皺褶開始由紅轉白——白色表示章魚很放鬆。

「牠很開心耶！」我對威爾森大喊。

「對啊，」他同意我的看法。「而且非常開心喔。」

全球海洋中蘊藏了超過兩百五十種章魚。目前人類對於絕大多數的章魚所知甚少，只研究了數量最多的物種，其中太平洋巨型章魚大多採取獨居的生活型態，就連交配對牠們來說都是一件令人焦慮的麻煩事，晚餐約會往往會變成一隻章魚吃掉另一隻章魚的血腥場面。所以章魚怎麼會和人類做朋友呢？

我猜答案是：想跟我們玩。

大自然中的野生章魚無時無刻都在探索。牠們吃的食物種類繁多，從需要打開殼的蚌類、需要追捕的魚類，到躲在珊瑚裂縫中的蟹類都有。除此之外，章魚喜歡到處搜刮東西回家。有些物種會收集兩個半圓形的椰子殼，然後使勁把殼拖到遠處，這樣牠們就能用椰子殼把自己包在裡面，打造出個人專屬的圓拱活動小屋；有些則會把石頭帶回巢穴，在洞口搭建石牆。最惡名昭彰的是牠們會偷潛水者的 GoPro 和相機，有時甚至會拉潛水者的面鏡或調節器。

圈養的章魚很愛玩兒童玩具。牠們喜歡玩樂高積木，也喜歡把玩具總動員裡的蛋頭先生拆開，然後再組裝回去。此外，牠們也會把罐子的蓋子轉開，把美味的螃蟹誘進空罐裡；不過牠們實在是太愛玩弄對方了，所以通常都會在螃蟹進去後把蓋子蓋回去。身兼工程師與發明家的威爾森為了讓多隻章魚保持忙碌、手邊有得玩，於是便打造了一系列層層套疊、裝有不同鎖頭的塑膠玻璃箱。章魚很喜歡打開一個又一個箱子，拿到裡面的小點心。

我想奧塔薇亞應該對我很有好感，因為我們都很愛和對方玩。我們玩的不是像棒球或洋娃娃那種遊戲，比較像是不同版本的拍手遊戲，只是多了吸盤而已。水族館的員工和志工當然也很喜歡跟牠玩，可是他們有職責在身。我很願意一直陪奧塔薇亞玩下去，至少玩到我的手凍僵，或是牠體內銅含量豐富的藍色血液（耐力比以鐵為基礎的人類血液低）能量耗盡為止。

有時我會帶新朋友來陪牠玩。有一次我帶我的朋友莉茲去，莉茲是一天抽一包菸的老菸槍，奧塔薇亞似乎不是很喜歡她的味道。後來我又帶了一個在非洲研究大猩猩的朋友去水族館，這次牠就玩得很開心。

另一天，一個正在實習、觀察我的工作的高三學生來到水族館。奧塔薇亞用漏斗狀的嘴巴朝那個學生的臉噴水，正中紅心！

和奧塔薇亞相處的第一年，我每個週末都會去水族館。有一次我為了去西雅圖參加章魚研討會，不得不放棄固定探訪的時間。等我回到新英格蘭水族館、威爾森打開水族箱蓋的時候，奧塔薇亞立刻像噴射機一樣衝到我身邊，滿懷熱情地伸出長長的觸腕；那種熾烈的情感和莎莉圓滾滾的笑容如出一轍。奧塔薇亞緊緊纏住我的雙手，吸得好用力，我手上的吸盤痕跡一定過好幾天才會消。我們就這樣彼此陪伴，度過了一小時又十五分鐘的美好時光。

然而過沒多久，奧塔薇亞就不想再玩了。「奧塔薇亞的狀況時好時壞。」比爾在電子郵件中寫道。

牠的行為驟然改變。以前牠喜歡在水族箱上方的角落休息，現在牠卻靜靜地坐在箱底，或是靠近面對群眾的玻璃窗，倚著明亮的光線；以前牠總是色彩繽紛，大多時候都是豔紅的章魚，現在牠卻顯得很蒼白。最重要的是，比爾告訴我「牠變得不太喜歡跟人類互動」，他說這些都是章魚變老的徵兆。奧塔薇亞的生命很快就會走到盡頭了。

我到水族館探望奧塔薇亞。牠浮出水面和我打招呼，但牠的抓握力明顯弱了許多。我們之間的互動在短短十五分鐘內就結束了。我覺得心好痛，好難過。我很快就要前往納米比亞參與研究探險，為一本有關獵豹的書取材。我回來的時候，牠還會活著嗎？

從納米比亞回來後，我發現奧塔薇亞的生活和我們之間的感情都變了，徹底地變了。

無論這段友情對奧塔薇亞來說意義為何，和牠做朋友都讓我意識到我們的世界以及圍繞在這個世界周圍、蘊藏在這個世界內部的其他世界，都存在著各式各樣我們無法理解、絢爛似火的智慧。

牠的皮膚有如繃緊的氣球般光滑；牠的臉、牠的嘴巴和牠的鰓裂都面對著箱壁，除了其中一隻觸腕彷彿氣球上的線，無精打采地從牠龐大的身軀垂下來外，所有吸盤也都朝內，牢牢地貼著水族箱及岩石巢穴。牠身上的紋理呈現粉紅與深紅二色，觸腕之間的蹼狀組織則泛著灰色。

奧塔薇亞在我離開的那段時間產下許多卵，大概有十萬個。大小和米粒差不多的珍珠白章魚卵以十幾個或上百個為單位連成一串，每顆卵都有小小的、像尾巴的線狀物，奧塔薇亞會用靈巧的吸盤將這些線狀物像洋蔥般包覆編織在一起，接著牠會把章魚卵一串串地黏在水族箱頂或岩石巢穴的石壁上。由於奧塔薇亞沒有和其他章魚交配，因此這些卵都未受精，孵不出小章魚，可是奧塔薇亞並不知道這件事。現在這些卵就是牠唯一專注的焦點，生活在野外的章魚媽媽也會做出同樣的舉動。

章魚媽媽絕不會離開自己的卵，甚至連出去覓食都不會，這表示野生章魚會為了照顧卵而讓自己餓肚子。至少我們還能幫奧塔薇亞準備食物。威爾森拿著長長的鉗子，把魚送到躲在巢穴裡的奧塔薇亞面前。牠伸出一隻觸腕，像特使一樣收下魚，接著好像突然想起什麼似的伸出第二隻觸腕，然後第三隻。牠想摸我的手，但幾乎是碰到的那一瞬間就鬆開了。「牠現在變得很不友善。」威爾森告訴我。牠忙著保護牠的卵，不希望有人來打擾。「讓牠做牠該做的事吧。」威爾森一邊說，一邊關上水族箱的蓋子。

那段期間，我主要都待在觀眾區看奧塔薇亞。我會在水族館還沒開門前就去，希望占到一個視野清晰的好位置。

在人潮湧進水族館之前，館內大多都是暗暗的、充滿神祕感與私密感。觀賞奧塔薇亞就好像冥想一樣。我不但會淨空思緒，騰出一個乾淨的空間讓牠進來，也會努力保持內在的平靜，讓自己做好看牠的準備。我眨眨眼睛適應黑暗，將大腦從看不見任何東西，調節到看見豐富的一切，而且往往超出我一次可消化的範圍。

牠的身體可能是粉紅色，也可能帶點褐色、同時夾雜著白色；牠的皮膚可能很光滑，也可能冒出許多尖尖的疙瘩，牠的眼睛可能是銀色，也可能是黃銅色；牠可能牢牢地貼在巢穴頂部，也可能緊貼在兩側的岩壁上；唯一能確定的是牠永遠、永遠守著那些卵。有天早上，奧塔薇亞把一隻觸腕藏在牠的外套膜（mantle，亦即看起來像頭但其實是章魚腹部的地方）底下，另一隻有二十八個吸盤的觸腕則貼在巢穴頂部，觸腕之間的皮膚如帷幕般靜靜地垂掛下來。牠就這樣動也不動地過了二十五分鐘。突然間，另外兩隻觸腕就像人類用吸塵器吸地毯一樣，開始奮力掃過卵串。

其他時候，奧塔薇亞會用另一種截然不同、較為柔和的動作把卵串拍鬆，就像我們把枕頭拍鬆一樣。另外，牠也會像我們用水管噴水的方式，用漏斗狀的嘴朝卵串噴水。牠會經由鰓裂吸入大量海水，讓外套膜擴張到宛如一朵盛開的粉紅仙履蘭，然後猛力噴水，讓外套膜鬆弛下來，恢復原狀。

有時清卵的動作看起來很像愛撫。奧塔薇亞會用纖細的觸腕尖端溫柔地觸摸卵串，每一個母親都會在自己的寶寶面前展現出這樣的溫柔情感。即便沒有任何動作，牠也還是在照顧牠的卵。大多時候，奧塔薇亞會把身體緊貼在大部分的卵上方，把卵藏起來，保護它們不受外來者的干擾和影響。就算水族箱裡沒有掠食者，牠依舊寸步不離，守在那些卵身邊。

我忍不住想，真希望那些卵是受精卵，未來會孵出章魚寶寶。真希望奧塔薇亞能在即將來臨的生命終了之時像《夏綠蒂的網》裡面的蜘蛛夏綠蒂一樣，證明牠的細心照拂能孕育出許多豐盛的新生命。無論卵有沒有受精，奧塔薇亞的犧牲奉獻都展現出深沉且無與倫比的美麗。我在每一次輕撫、每一次清潔、每一個小時的穩定照料中看見了生命最初的愛，以最古老的形式散發出來。

從奧塔薇亞那些宛如凝膠狀的無脊椎祖先，到我自己的媽媽，成千上萬的母親都教會了自己的小孩如何去愛，並讓孩子了解愛是生命中最大、最高的意義。愛本身非常重要，被愛的對象因而有了價值。莫莉、克里斯多夫、黛絲……牠們都不在了，但我對牠們的愛絲毫不減。我明白，奧塔薇亞很快就會離開這個世界。可是愛會永存，愛永遠都是最重要的事。看著奧塔薇亞孜孜不倦地以優雅的方式照顧自己的卵，我心中滿懷感激，因為我知道牠會在充滿愛的行為中死去，進而得以面對這項難以避免的事實。唯有成年的母章魚能在短暫又奇怪的一生結束之際，奮力去愛。

那段日子裡，我會看一部有關太平洋巨型章魚卵孵化的影片來提振情緒，讓自己打起精神。章魚媽媽會守護並清潔章魚卵六個月，接著用漏斗狀的嘴巴把小寶寶（牠們長得跟媽媽一模一樣，完全就是迷你版）吹出巢穴，讓牠們隨著水流漂進浩瀚的海洋，並像浮游生物一樣在海中生活，直到長得夠大夠重，能爬行為止。章魚媽媽用最後幾口氣將新生兒送進大海裡，而拍攝這部影片的潛水者幾天後回到海中，發現章魚媽媽已經死了。

然而奧塔薇亞在產卵後六個月還是很強壯。七個月過去了。八個月過去了。雖然牠很用心清潔，但有些卵已經支離破碎，落到水族箱箱底。奧塔薇亞依然不願意離開那些卵。九個月過去了。十個月過去了。牠還是緊貼在牠的卵上，努力支撐下去。宛如奇蹟。

有一天我來到水族館，發現奧塔薇亞的眼睛腫得很厲害。這種感染無法治療，因為現在的牠就像那些分解的卵一樣逐步崩裂。為了讓牠舒服一點，比爾決定把牠移出大型水族箱，讓牠遠離具有潛在危險的岩石、燈光以及吵雜的群眾。可是牠願意離開牠的卵嗎？

結果出乎大家意料，奧塔薇亞觸碰比爾的手，同意移動到網子裡，搬進一個靜謐、黑暗又看不見人群的水缸裡。

牠之前一直躲在岩石巢穴中足不出戶，長達十個月都沒有浮上水面看我們的臉，那段時間我也一直沒有摸牠或陪牠玩。即便如此，牠搬出主要展示水族箱後，我還是很想看看牠，至少再看最後一次。

威爾森和我一起打開蓋子向內窺探。我們拿了一條魷魚，以免牠想吃東西。牠緩緩浮上水面，抓住我們手中的魷魚，隨後立刻放掉。牠不是因為餓才游上來的。

牠老了，病了，身體虛弱，瀕臨死亡。牠已經有十個月沒和我們接觸，以章魚的生命全期來看，就像二十五年沒見人一樣。可是牠不但記得我們，而且還努力地游上來，和我們見最後一次面。

奧塔薇亞凝視著我們的眼睛，溫柔且堅定地把吸盤貼在我們的皮膚上。牠停留了好一陣子，花了整整五分鐘感受我們的存在，接著便慢慢往下沉，回到水缸底部。

奧塔薇亞是不是終於明白自己的卵沒有受精呢？在生命中最後那段日子裡，牠過得好不好、舒不舒服？牠知道我有多在乎牠嗎？這對牠來說重要嗎？

真希望我知道答案，可是我不知道。不過現在，多虧了奧塔薇亞，我明白了一件也許更重要、意義更深的事。二千六百多年前的希臘哲學家泰勒斯（Thales of Miletus）的話完美詮釋了這個觀點。據說他曾說：「宇宙是活的，裡面不僅有火，還有眾神。」無論這段友情對奧塔薇亞來說意義為何，和牠做朋友都讓我意識到我們的世界以及圍繞在這個世界周圍、蘊藏在這個世界內部的其他世界，都存在著各式各樣我們無法理解、絢爛似火的智慧。這些智慧的活力與神聖遠超乎我們的想像。

如何做一個更好的人 瑟伯

瑞克辛普森從來電顯示得知是我打的電話，但我沒料到接起來的人是他。我原本是想找裘蒂的。

「瑞克？」我勉強從嘴裡擠出他的名字，忍不住開始啜泣。

「莎伊，你們都還好嗎？有受傷嗎？霍華還好嗎？要不要我現在過去？」

我說不出話。我換氣過度，覺得好丟臉。我沒想到自己居然會哭，也絕對沒想到自己會情緒失控，讓哭聲傳進瑞克的耳朵裡。

裘蒂的耳朵就不一樣了。我本來期待會是她接的電話。因為過去九年來我和莎莉幾乎每天都會跟她、珍珠和梅兒一起健行，只要我開口，她就會立刻理解我的感受和窘境，幫助我解決問題。

最後我好不容易平靜下來，告訴瑞克到底發生了什麼事。沒有人受傷。沒有人有危險。可是我覺得我的人生陷入一片混亂，整個世界上下顛倒。我還沒準備好面對這一切。

那是一個覆蓋著皚皚白雪的美好午後。當時我們出門滑雪，第一個惡兆就是在這一刻浮現。

我和莎莉跟裘蒂、珍珠和梅兒一起出門。通常莎莉都會在我們散步時隨意閒晃（畢竟到處都有難以抗拒的殘骸碎屑可以吃，還有誘人的便便可以讓牠在上面滾來滾去），但是只要我一喊，牠就會高高豎起耳朵，注意我的方向，然後謹慎思考改變自己的計畫來配合我的要求到底值不值得。牠每次都會飛奔回到我身邊。然而在這個下雪天，當牠一頭撞進刺果灌木叢（每次我都得花一大堆時間把刺果種子從牠濃密的毛髮上撥掉）時，牠連看都沒看我。

莎莉聽不見了。

我們做了一些調整以適應這個變化。我和霍華買了一個震動項圈，我示範給莎莉看，讓牠知道，只要項圈震動時有看我的話，就有小點心可以吃。我們依然和朋友一起在森林中健行，只是會避開靠近馬路的路線，因為莎莉聽不見來車。牠的失聰有個好處。現在我和霍華可以好好享受夜晚時光，不會被莎莉高分貝的聊天聲（牠以前都會和屋外遠方的狗和狐狸聊天）打擾。但是牠失去聽力這件事讓我覺得很害怕。我們才相處了九年而已。難道莎莉比我們以為的還要老嗎？

我真的很擔心。我很快就要去巴西進行另一項研究。這次我會和史考特陶德，也就是介紹我認識生平第一隻章魚朋友的新英格蘭水族館工作人員一起去尼格羅河（Río Negro）探險，這條被稱為「黑河」的支流與「白河」索利蒙伊斯河（Río Solim ões）匯聚在一起，形成了亞馬遜河。我正在籌備一本給青少年及兒童讀者的書，內容關於家裡常養的那些魚是從哪裡來的，而這些色彩繽紛的小魚對拯救熱帶雨林又有什麼樣的幫助和影響。可是我真的很不想離開莎莉。我又要再次踏進好幾週沒有電話和網路的世界。要是莎莉的身體健康面臨危機，我一定會半途離開研究探險隊，將書延後一年出版。

前往巴西的前一週，我們去看了獸醫，也就是我們最愛的查克。當週稍早，莎莉好像不小心在冰上滑倒，走路有點一跛一跛的。查克再三保證牠沒事。我便安心地出發了。

我在從巴西飛往美國的回程班機中試著打電話給霍華，第一通是在邁阿密打的，第二通則是在波士頓打的。可是他都沒接。走進家門的那一刻，我面臨了內心深處最大的恐懼：莎莉癱倒在樓梯底部，完全站不起來。顯然在我離開的那段期間，牠飽受犬隻前庭疾病的折磨。

莎莉就像黛絲一樣復原得很快。我們陪牠在家裡練習走路。才短短兩週的時間，牠就能沿著大街來回走了。一個月後，我們又重拾老習慣，和裘蒂家那兩隻標準貴賓犬一起散步，只是現在路程縮短，路勢也比較平。裘蒂、珍珠和梅兒對我們很有耐心，彷彿那兩隻貴賓狗也在幫忙照顧走路搖搖晃晃、動作比較慢的莎莉，替牠留意周遭的情況。牠們會在步道前方等牠，就像黛絲為我做的一樣。

莎莉還是很享受生活。牠一如往常地愛偷東西，喜歡在森林裡健行，用圓滾的臉頰和笑容討我們歡心。可是牠看起來好像突然老了許多。會是關節炎嗎？我們帶牠去照X光，試著用葡萄糖胺替牠補充營養（之前我們也是餵克里斯多夫吃葡萄糖胺，而且很有幫助）。但獸醫懷疑可能是別的因素。

他的判斷是對的。是腦瘤。

我們竭盡所能地幫助莎莉，並請教一位在緬因州的獸醫神經學家，得知原來治療的效果不大。我們只能祈禱，希望這顆腦瘤長慢一點。可是並沒有。

某個週末，霍華和裘蒂都不在家，莎莉就這樣喪失了行走、站立和進食的能力。我寸步不離地守在牠身邊，只要我摸牠，牠看起來就比較平靜、比較安詳，反之，牠會非常焦慮。我帶著牠到戶外享受溫暖的春日陽光。我的朋友莉茲和葛蕾茜特地過來支持、陪伴我們，一直到霍華回家。查克接到緊急到府醫療電話後就立刻趕來，他認為莎莉可能受到感染，於是便替牠打了抗生素，希望牠能好起來，這樣我們也許還能一起度過幾個月的快樂時光。然而第二天，我們就知道接下來該怎麼做了。查克走進我們的臥房。莎莉躺在羊毛被上。牠死在我懷裡。

許多朋友紛紛打電話關心或上門慰問，試著鼓勵我、讓我打起精神。裘蒂旅行回來了，我和她的狗一起走到夏季的濃密樹蔭底下。我寫的那本有關章魚的書剛剛出版，成為市面上的暢銷書，可是我對於書的成功、朋友的好意和新罕布夏的森林之美毫無感覺，一點都不快樂。我覺得自己再度陷入了憂鬱的漩渦。這一次，沒有異國研究之旅等著救我脫離這一切。這是我二十年來第一次需要等上整整十二個月才會出發前往異地探險。

莎莉死後一個月，有天早上，查克打電話來。

「我們剛剛去幫戴夫肯納家新生的一窩小狗做檢查。」他說。

「一定很可愛吧。」我說。

我知道戴夫和他那群天賦異稟的純種邊境牧羊犬，他們就住在隔壁鎮。他們家的狗會在美國東北部的牧羊表演中示範相關技藝，是家喻戶曉的厲害狗狗。戴夫的狗一隻要價上千塊美金，這些狗最後全都會到農場工作、追求職業生涯，成為專業的放牧高手。戴夫從來不把狗賣給那些想養來當寵物的人，因為牠們住在普通人家裡會無聊到死，這也是我當初夢見黛絲帶莎莉來後沒有打電話給他的原因之一；另一個原因是，這個社會上有太多沒有人愛的流浪狗，雖然我們算是少數能為邊境牧羊犬這種精力旺盛的狗提供適當環境的人，但我們從來沒有考慮過跟培育師買狗。我的想法還是一樣沒有改變。

所以查克幹嘛特地打電話來跟我講這個？

「嗯，很可愛，」他繼續說。「而且全都超級健康，可是其中有隻小男生一隻眼睛看不見……」

工作用的邊境牧羊犬需要極佳的視力才能執行放牧任務。假如看不到所有畜群，邊境牧羊犬可能會在毫無防備的狀態下被一隻羊、一隻豬或一頭牛攻擊，再加上牠們牧養的動物體型通常比較大，所以很有可能會受重傷，甚至死亡。除此之外，邊境牧羊犬的視力還有另一種用途。牠們光是用眼神凝視就能讓畜群乖乖移動，也就是所謂的「強勢之眼」，但要達到功效需要兩隻眼睛才行。無論這隻單眼失明的狗狗有多聰明、多健康，一個認真的牧羊人是不可能花上千塊美金買牠的。

我掛上電話，心跳得好快。接著我打給裘蒂，接起來的卻是瑞克。

我和霍華一邊吃午餐，一邊討論我們還沒準備好養小狗的原因。這一切來得太快。莎莉的死讓我們哀痛欲絕，悲傷耗損了我們的身心靈。或許明年春天我們可以考慮領養一隻流浪狗，女生，經典的黑白雙色，鼻子中間有一道白色條紋，就像莎莉和黛絲那樣。我們想養年輕的幼犬，體型小一點，最好和黛絲差不多，因為莎莉有十八公斤，我很難在牠晚年時於半夜抱牠上下樓。

不過我們還是去看了那隻單眼失明的小狗。只是看看而已。

我們把牠取名叫瑟伯。美國漫畫家和論說文作家詹姆士瑟伯（James Thurber）是我們最喜歡的創作人之一，而且他也一樣，只有一隻眼睛看得見（他的弟弟在玩射擊遊戲「威廉泰爾」時不小心用箭射瞎了他其中一隻眼睛）。從帶牠回家的那一刻起，牠就一直是我們這輩子認識的最熱情、最外向也最快樂的動物。

光是看著牠就讓人忍不住嘴角上揚。牠的前額有一道白色的閃電形條紋，環繞著視力正常的左眼，然後往下延伸到黑色的小鼻子。牠的毛髮有三種顏色，除了帥氣的棕色眉毛外，慣用的左前腿還套著一隻棕色長襪，露出白白的腳。牠的尾巴超長（牠的尾巴在牠還是一隻我可以一手抱起來的小狗狗時就已經有三十五公分長了），長到牠站著的時候，尾巴都會碰到地上，不過牠的尾巴很少垂下來，通常都和牠高高豎起的耳朵一樣翹得高高的。我們去森林散步時，牠都會在我們前方蹦蹦跳跳，白色的尾巴末端就像旗子似地搖來搖去。霍華都叫牠「小火箭」，但牠總是會跑回來等我們跟上。只要我們叫牠，牠就會乖乖過來，或是在原地等待。牠相信永遠都會有好事發生——因為真的是這樣沒錯。

對瑟伯來說，幾乎每分每秒都是樂趣，無時無刻都很好玩。在家裡，牠喜歡玩玩具，其中有些玩具（包含一顆紅球在內）是黛絲的。當牠對刺蝟玩偶、鯊魚玩偶、綿羊玩偶、小蛇玩偶、章魚玩偶、大象玩偶、飛龍玩偶、小鴨玩偶、河馬玩偶或螃蟹玩偶又抓又擠、發出嘎吱聲時，我們都會忍不住陪牠玩拔河遊戲。假如我們很忙，牠會自己乖乖在旁邊玩，假裝玩具是活的，牠非攻擊或趕它不可。有時牠也會一起滾好幾顆球，然後追著它們跑，有時還會同時趕三顆球。在樹林裡，牠會挑好幾根有杈枒的大樹枝（通常是倒下的樹木，有時長度甚至會超過二點五公尺），然後沿著步道或拖或拉，試圖想讓其他人對牠刮目相看。此外，瑟伯很開心的時候還會唱歌。早上牠會跟著廣播一起嚎叫，特別是播出的音樂中有弦樂器或小號的時候。開車出門時，我和牠會一邊聽牠最愛的CD，一邊跟著曲調大聲長嚎。牠特別喜歡史普林斯汀的音樂，也很喜歡紐約雙人獨立創作樂團「浩瀚宇宙」（AGreat Big World）的〈說些什麼吧〉（歌名真的太搭了）。最近我們最愛的二重唱之歌是〈Graciasala Vida〉（感謝生命），我還改了一點歌詞：感謝生命／給了我這隻狗，噢／牠是最棒的狗／全世界最棒的狗……

大家都很愛瑟伯，瑟伯也很愛大家。牠有一大堆朋友，狗狗朋友和人類朋友都有。牠馬上就跟裘蒂、莉茲和葛蕾茜建立起非常親密的感情。我們幾乎每個平常日下午都會跟珍珠和梅兒一起在樹林間散步，早上和週末則會跟一隻以上的狗狗朋友出去，其中包含運動好手牧牛犬「羅勒」、喜歡玩水的黑色拉布拉多犬「暗影」，以及和牠同年齡、住在我們這一區的漂亮黃金獵犬「奧古絲特」。不可思議的是，奧古絲特也和瑟伯一樣，天生只有一隻眼睛正常。

我們常常忘記瑟伯有一隻眼睛看不見。世界上幾乎沒有牠做不到的事。霍華用拋球器丟球時，瑟伯會飛也似地衝去追球。牠的速度很快、動作靈活，頭腦聰明、乖巧順從，想像力也非常豐富。在我們眼中，牠再完美不過了。

我有時會在特定的燈光照射下無意間瞄到那隻失明的眼睛，然後才突然想起牠只有一隻眼睛看得見——一隻受到祝福的眼睛，就是這隻眼睛把牠帶進我們的生命裡。

瑟伯的眼睛會失明是基因的關係，也是美妙的奇蹟，一個和我們親愛的獸醫共同密謀，把我從黯淡無光的未來中拯救出來的奇蹟。自從莫莉死後，我就一直很想養一隻幼犬，一隻由我來撫養長大、而非把我撫養長大的狗，這樣我就能把欠第一位人生導師的債還清了。我花了很多時間搜尋過邊境牧羊犬的相關救援網站，發現很難找到待領養的邊境牧羊犬。戴夫培育的那些知名純種幼犬怎麼可能成為我們家的一分子呢？當時乍看之下錯誤的時機，實則完美得詭異：瑟伯來的時候，我這段長達三十多年的職業生涯正處於休憩期，沒有迫在眉睫的截稿日，數月內也無需遠征異地進行研究。我可以把夏秋兩季的時間用來專心照顧、撫育這隻幼犬；我可以給牠所需的滋養、自信和安全感，這些是黛絲和莎莉來到我們家之前不幸欠缺的重要元素。

瑟伯和我們期待的完全不一樣。牠甚至不是我們以為自己想要的那種狗。我們以為自己想過幾年或幾個月再養狗。我們想像了一隻黑白雙色的嬌小流浪狗，女生，還有又軟又長的美麗皮毛，結果卻帶了一隻三色且毛髮很短的小男生回來，最後這隻小狗蛻變成我們這輩子養過最高、最壯的狗（寫這段文字時牠還不到兩歲）。除了同是邊境牧羊犬這一點外，瑟伯有很多地方都跟黛絲和莎莉不一樣。莎莉和黛絲都沒有特別喜歡或期待認識新的狗；瑟伯則無論見到誰都熱情地打招呼。除此之外，牠還會做很多莎莉和黛絲不會做的事，例如早上像人一樣用那隻穿著棕色襪子的白色腳掌戳我們（後來我們有好幾次帶瑟伯回戴夫家看媽媽，我注意到牠媽媽的腳也跟牠一樣），叫我們起床。瑟伯不像黛絲和莎莉喜歡坐在我和霍華的工作室裡，而是會在最愛的兩個位置之間做選擇，一個是放在我的工作室和廚房之間的那張搖椅，一個是通往霍華工作室的樓梯上，牠會把口鼻探出欄杆縫隙，兩隻前腿垂下來晃呀晃的。

不過最大也最重要的差異是：無論在哪裡、和誰在一起，瑟伯都很開心。我們不喜歡離開牠身邊，但有時有事必須離家一週，或是週末要出門沒辦法帶著牠，例如最近一個週末我們就到亞利桑那州參加凱特（以前那對鄰居小姊妹的姊姊）的婚禮，瑟伯可以開心自在地和其他人同住，無論人數多少都沒關係；相反的，黛絲（如果我們不在，一定要把牠帶到伊芙琳那裡）和莎莉（我們連離開牠幾小時都沒辦法）就不行。雖然牠們倆都是快樂的狗狗，但小時候也都曾經被虐待或忽略，深受分離焦慮所苦。

瑟伯再次帶來大量的祝福，讓我們又驚又喜。牠不僅療癒了我們的悲痛，也讓我們以某種方式改寫了黛絲與莎莉的傷心往事。

有句格言說：只要學生準備好，老師就會現身。這一次，學生沒準備好，老師還是來了。五十八歲那年，瑟伯走進了我的生活，我很快就發現自己在「努力做個好人」的道路上還有很多事要學。在眾多真理之中，瑟伯讓我明白：你永遠不知道下一刻會發生什麼事，就算生活看起來毫無希望也一樣。或許美好的事物正在路上，就快要到了。

我很快地了解，在人生旅途中我必須學習如何當個更好的人。

小時候的莎伊和莫莉。

在羅德島（Rhode Island）的羅傑威廉斯動物園（Roger Williams Park Zoo）與友善的貄貓（又叫熊貍）相見歡。

莎莉露出令人難以抗拒的圓胖臉頰和笑容。

莎伊撫摸她的好友奧塔薇亞。

在加拿大曼尼托巴（Manitoba）省的納西斯萬蛇窟（Narcisse Snake Dens）和一萬八千條蛇共度美好時光。

幼崽期的克里斯多夫霍格伍德體型小到可以塞進鞋盒裡……牠後來在大量廚餘和愛的餵養下胖到三百四十多公斤。

由左至右：梅兒、珍珠和莎莉在義大利米亞內（Miane）度假（牠們的主人也有去）。

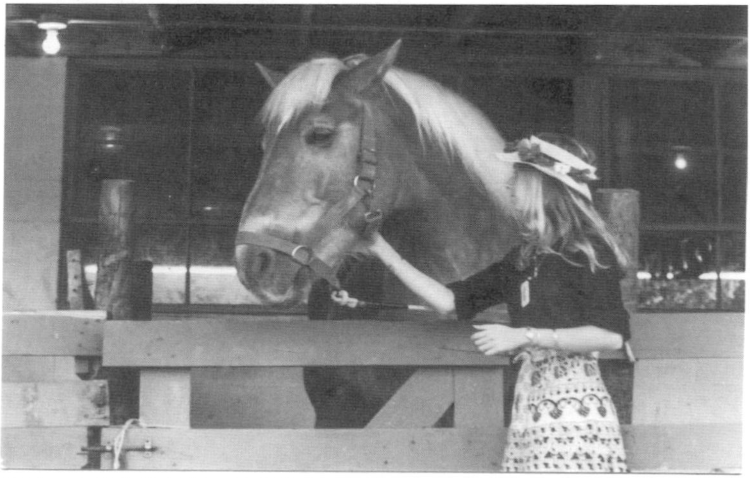

雖然二十幾歲的莎伊不再認為自己是隻小馬，但她愛馬的心依然不變。

羅傑威廉斯動物園裡的莎伊與樹袋鼠荷莉。

甜蜜的家：在澳洲內陸露營真的很開心。

狗狗瑟伯伸出毛茸茸的棕色小手。

鴯鶓三兄弟：黑頭、壞腿與禿脖。

跟皇家孟加拉虎寶寶一起玩。

這些黑熊寶寶後來被野放、回歸自然，成為國家地理頻道紀錄片的主角。該紀錄片由莎伊親自編寫，描述她的朋友、野生動物學家與復育人員班吉勒姆（Ben Kilham）的工作故事。

這隻漂亮的母牛住在隔壁鎮的農場裡。

儘管年輕時腿受過傷，黛絲還是能優雅地跳起來接飛盤。

前往豬豬高原：莎伊提著廚餘桶，黛絲咬著飛盤，克里斯多夫帶著好胃口準備大吃一頓。

致謝

我們住在新罕布夏州漢考克鎮。當時我坐在客廳的沙發上和朋友聊天，這本書就是那時候開始萌芽的。

我很久沒見到維琪克羅克（Vicki Croke）了，我很想念她。所以某個冬日，當維琪這位忙碌的全國暢銷作者與波士頓國家公共廣播新聞臺動物議題記者願意打破長時間分隔兩地的狀態，和她的製作人兼伴侶克莉絲汀戈格溫（Christen Goguen）一起開車來看我時，我真的好高興。

我們和我們家的邊境牧羊犬莎莉一起在新罕布夏的樹林間散步。我們仔細掃視雪地，尋找松鼠、鹿和野生火雞的蹤跡；我們撫摸母雞群的羽毛，親吻牠們的雞冠。雖然維琪是為了採訪而來，但等到我們坐下來準備開始訪問時，這場訪談感覺好像變成次要的事了。

回到屋裡後，克莉絲汀負責攝錄影，我和維琪則大聊關於老虎、狼蛛和貘等各式各樣我有幸透過工作學習與撰述的動物。訪談接近尾聲時，維琪問我：

「妳會不會覺得自己除了動物的自然歷史之外，也學到了一些人生課題？」

動物教會了我什麼關於人生的事呢？之前從來沒有人問過我這個問題，但我幾乎是在她問完的那一瞬間就開口回答了。

「對，我學到如何做個好人。」

我的訪談登上網路，最後封存在檔案庫裡。幾個月後，有一天，霍頓米夫林哈寇青少年與兒童讀物出版社（Houghton Mifflin Harcourt Books For Young Reader）的副總裁暨副發行人瑪莉威爾考克斯（Mary Wilcox）碰巧看到了那段訪談影片，並和我經常合作的編輯凱特歐蘇利文（Kate O'Sullivan）分享。我最後那句回答觸動了她的心。「妳接下來應該寫這本書。」凱特對我說。

現在你手裡拿的就是這本書。

雖然這本書描繪的是那些教我如何做個好人的動物，但我也欠了很多、很深的人情債。除了維琪、凱特和瑪莉之外，我還想感謝一些人。

首先要謝謝我的父母。雖然我們之間有很多衝突和歧異，我還是永遠深愛他們。我知道他們也用自己的方式深愛著我。我一點也不想換爸媽。要是沒有他們，我就不會是現在的我，也不會是這麼有決心、意志堅定的我。

謝謝那些和我一起分享書中生活的人，其中有很多我都在故事中指名道姓了，沒有特別提到的還有佩兒尤瑟夫（Pearl Yusuf）、安沃利奇（Ann Wolicki）、卡洛琳貝洛（Carolyn Beyreau）、瑟琳達契匡（Selinda Chiquoine）、蓋瑞蓋布瑞斯（Gary Galbreath）和約爾格里克（Joel Glick）。特別感謝葛蕾茜沃格（Gretchen Vogel）和派特溫克斯（Pat Winks）的幫助，喚醒我對莫莉的回憶。非常感激各位親朋好友願意撥冗閱讀手稿、給予建議，尤其是傑瑞普萊斯（Jerry Price）、科萊特普萊斯（Colette Price）、茱蒂絲歐克森納（Judith Oksner）和羅伯麥茲（Rob Matz），謝謝你們！另外我還要謝謝一位沒辦法讀這本書的人——我在寫作時將安娜麥吉爾杜翰（Anna Magill-Dohan）想像成心目中的理想讀者。她的聰慧、好奇心和古怪的幽默感一直都是我的明燈，點亮了我的世界觀。

我還要感謝我親愛的經紀人莎拉珍費曼（Sarah Jane Freymann）的協助；謝謝蕾貝卡格林（Rebecca Green）為本書繪製可愛、迷人又細膩的插圖；謝謝卡拉盧埃林（Cara Llewellyn）做出這麼棒的書籍設計。

對我來說，世界上沒有人比我先生霍華曼斯菲爾德更重要。他是我認識的最棒的作家。儘管作家需要平靜與規律的生活，他還是很有耐心地照顧我們家的動物，並在我前往異國進行田野研究時處理許多動物緊急事件。我們之所以會領養克里斯多夫和黛絲，都要歸功於霍華。雖然有時必須費點口舌說服，但對於他願意讓莎莉、瑟伯及其他動物走進我們的生命裡、為我們帶來祝福，我真的無限感激。

最後，我還要向一些動物獻上感謝：我的第一隻長尾鸚鵡傑瑞；雪貂「野人」、史古特、達伽馬、「理性時代」和牠的女兒（當然啦）「啟蒙」、羅伯特先生與內布拉斯加；我們的貓「咪卡」，以及我們的雞尾鸚鵡「可可佩利」。雖然書中沒有寫到牠們的故事，但牠們同樣深深影響、豐富了我的人生，牠們的愛會繼續存在、活在我寫的每一頁裡。

延伸閱讀

下列十本書不僅給了我很大的鼓勵和啟發，也影響了我的職業生涯，讓我踏上動物研究與自然寫作的道路：

《狼蹤》（*Never Cry Wolf*），法利莫沃特（Farley Mowat）著。我小時候最喜歡的其中一本書就是法利莫沃特的《不想當狗狗的狗狗》（*The Dog Who Wouldn't Be*，暫譯），書中描繪了他和愛犬「呆瓜」（牠應該覺得被叫呆瓜很丟臉吧）精采的冒險故事。後來我讀了法利最有名的成人作品《狼蹤》。這本書對我造成很深的影響。書中描寫一位科學家的發現讓他搖身一變，成為一位激進分子，為他研究的動物發聲。雖然《狼蹤》當時是打著「真人真事」的特色出版，後來卻遭到公開譴責，認為這本書應該歸為小說。雖然法利背離了事實，但他的文字依然忠於內在的聲音。「永遠不要讓事實阻礙了真理。」他後來對我說。當時我正在替第一本書做研究，他很大方地邀請我去他家，提供了不少協助。在我堅持描寫事實的同時，法利讓我明白，若作者希望成功讓他人採取行動，那這本書一定要能引起情感共鳴才行。

《與牠為伴——非洲叢林三十年》（*My Life with the Chimpanzees*），珍古德（Jane Goodall）著。一九六〇年代，當時還小、還不會認字的我看到《國家地理雜誌》上刊出珍古德與岡貝黑猩猩的照片，覺得備受啟發。一九八八年，她的自傳出版，我終於能透過文字了解她的人生故事。等待是值得的。

《迷霧森林十八年》（*Gorillas in the Mist*，暫譯），黛安弗西（Dian Fossey）著。這些雄偉壯觀、居住在雲霧森林中的山地大猩猩比珍古德那些迷人的黑猩猩更吸引我。我讀了黛安的第一版回憶錄，封面（堪稱目前出版的書中我最喜歡的封面）上是一隻銀背公猩猩的近距離照片。那隻猩猩名叫「伯特叔叔」（Uncle Bert），黑色的臉看起來似乎在沉思，同時散發出善良的氣息，烏黑的皮毛上還綴著點點雨滴。封底則從另一個角度來呈現伯特叔叔的樣貌，特別強調牠巨大的半圓形頭骨和肩背的驚人力量。

《狼與人》（*Of Wolvesand Men*，暫譯），貝瑞羅培茲（Barry Lopez）著。貝瑞是我的摯友，後來他成為一名獸醫，並在我離開美國前往澳洲內陸前將這本書留在我家門廊，做為離別的禮物。這本經典作品不僅運用謹慎的研究方法來觀察、呈現狼群的真實生活，更介紹了好幾個世紀以來人類文化對牠們的理解與詮釋，也讓我明白，若想了解動物的力量，歷史、甚至是史前人類與動物之間的關係是非常重要且極具價值的資訊。

《所羅門王的指環：與蟲魚鳥獸親密對話》（*King Solomon's Ring*），康拉德勞倫茲（Konrad Lorenz）著。勞倫茲奠定了現今所知的動物行為學領域基礎，這本書就是描述動物行為的經典之作。他對灰雁、寒鴉，甚至是慈鯛魚的縝密觀察不僅披露出許多科學上的事實，更將每一隻動物視為獨立的個體，充滿了對牠們的尊敬與愛慕。

《遙遠的房屋》（*The Outermost House*，暫譯），亨利貝斯頓（Henry Beston）著。書中的一段文字給了我很大的幫助，讓我定義出自己在「記述自然界」這段路上的目標：

對於動物，我們必須發展出另一種更有智慧、也許更神祕的觀念……因為人類不應用自己的眼光來評斷動物。牠們的世界比我們的更老、更完整，牠們發展成熟，擁有我們早就失喪或從未獲得的絕佳的感官天賦，倚靠我們永遠聽不見的聲音生活。牠們不是同胞，也不是走卒；牠們是另一個國度，和我們同樣被生命與時間的網羅所困，被地球上的燦爛與忙碌所囚。

《細胞生命史》（*The Livesofa Cell*，暫譯），路易斯湯瑪斯（Lewis Thomas）著。本書是由一位懾服於生物學的科學家所撰寫的精采科學作品。人類免疫系統專家湯瑪斯運用情感豐沛的生動文筆來傳達心中的興奮與驚奇，書中二十九篇論文的主題則互相呼應，探索人類個體與生命之間的連結關係。

《海之濱》（*The Edge of the Sea*），瑞秋卡森（Rachel Carson）著。《海之濱》讓我認識了瑞秋卡森。她是現代環境運動的推手。我是在當新聞記者的第一年於圖書館大拍賣上買到這本書（也是她出版的第三本著作）的。我不是環境記者，但我很想學習有關海藻和蝸牛的知識。我非常喜歡卡森敏銳的眼光、獨到的見解與抒情的風格，進而成為她的粉絲，並開始尋找、拜讀她後期的作品，包含揭露自然界中的化學毒物、道出真相的《寂靜的春天》（Silent Spring）等書。

《解碼海豚》（*Lillyon Dolphins*，暫譯），約翰李利（John Lilly）著。作者李利試圖正式研究人類與其他物種之間的溝通關係，是這塊領域的先驅科學家之一。如今他的書被認為太「怪力亂神」，不能視為科學寫作。李利後來以提倡「改變心智的藥物」（我個人對這沒什麼興趣）聞名。讀完這本書後（當時我剛從大學畢業），他和他所研究的聰明動物之間的關係深深觸動了我。雖然書中有些觀點證明是假的，但後來的科學研究工具（當時李利並沒有這些工具可用）揭示了海豚確實擁有複雜的語言系統，例如每隻海豚都有不同的「主哨聲」，這種叫聲就像海豚自己的名字，因此又稱為「署名式口哨」。

《神祕的昆蟲世界》（*Life on a Little-Known Planet*，暫譯），霍華恩賽伊凡斯（Howard Ensign Evans）著。作者是哈佛的昆蟲學家，他將這本描繪昆蟲生命、引人入勝的書獻給棲息在他研究作品中的書蝨和衣魚。這本書於一九六八年出版（我買的是二手書，原價只要二美金又四十五分），雖然後來出現了很多新的昆蟲研究報告，但現在再拿出來重讀，與其說這本書過時，不如說它對於這些微小生命的複雜性很有先見之明。

莎伊．蒙哥馬利作品集

成人讀物：

《與巨猿共遊》（*Walking with the Great Apes*，暫譯）
《老虎的魅力》（*Spell of the Tiger*，暫譯）
《好奇的博物學家》（*The Curious Naturalist*，暫譯）
《窗外的野生世界》（*The Wild Out Your Window*，暫譯）
《粉紅海豚奇幻之旅》（*Journey of the Pink Dolphins*，暫譯）
《尋找黃金月熊》（*Search for the Golden Moon Bear*，暫譯）
《乖乖豬》（*The Good Good Pig*，暫譯）
《趣味鳥類學》（*Birdology*，暫譯）
《章魚的靈魂》（*The Soul of an Octopus*，暫譯）
《馴養與野性》（*Tamed and Untamed*，暫譯），與美國作家伊莉莎白馬歇爾湯瑪斯（Elizabeth Marshall Thomas）合著

兒童讀物：

《科學家探險系列：蛇類大解密》（*The Snake Scientist*，暫譯）

《蘇達班老虎之謎》（*The Man-Eating Tigers of Sundarbans*，暫譯）

《粉紅海豚的魔法樂園》（*Encantado*，暫譯）

《尋找黃金月熊：揭開亞洲熱帶地區的神祕面紗》（*Search for the Golden Moon Bear: Science and Adventure in the Asian Tropics*，暫譯）

《科學家探險系列：狼蛛大解密》（*The Tarantula Scientist*，暫譯）

《尋找樹袋鼠》（*Quest for the Tree Kangaroo*，暫譯）

《搶救雪豹大作戰》（*Saving the Ghost of the Mountain*，暫譯）

《鴞鸚鵡救援行動》（*Kakapo Rescue*，暫譯）

《科學家探險系列：貘類大解密》（*The Tapir Scientist*，暫譯）

《追逐獵豹》（*Chasing Cheetahs*，暫譯）

《鸚鵡愛跳舞：雪球的故事》（*Snowball the Dancing Cockatoo*，暫譯）

《科學家探險系列：章魚大解密》（*The Octopus Scientists*，暫譯）

《科學家探險系列：大白鯊大解密》（*The Great White Shark Scientist*，暫譯）

《亞馬遜歷險記》（*Amazon Adventure*，暫譯）

《科學家探險系列：鬣狗大解密》（*The Hyena Scientist*，暫譯）

高寶書版集團
gobooks.com.tw

新視野 New Window 192
動物教我成為更好的人：不管有幾隻腳，都要在人生道路上勇敢的前進
HOW TO BE A GOOD CREATURE: A Memoir in Thirteen Animals

作　　者：莎伊・蒙哥馬利　Sy Montgomery
繪　　者：蕾貝卡・格林　Rebecca Green
翻　　譯：郭庭瑄
主　　編：吳珮旻
編　　輯：蕭季瑄
內文排版：賴姵均
封面設計：黃馨儀
企　　劃：鍾惠鈞

發 行 人　朱凱蕾
出　　版　英屬維京群島商高寶國際有限公司台灣分公司
　　　　　Global Group Holdings, Ltd.
地　　址　台北市內湖區洲子街 88 號 3 樓
網　　址　gobooks.com.tw
電　　話　(02) 27992788
電　　郵　readers@gobooks.com.tw（讀者服務部）
　　　　　pr@gobooks.com.tw（公關諮詢部）
傳　　真　出版部　(02) 27990909　行銷部 (02) 27993088
郵政劃撥　19394552
戶　　名　英屬維京群島商高寶國際有限公司台灣分公司
發　　行　英屬維京群島商高寶國際有限公司台灣分公司
初版日期　2019 年 8 月

國家圖書館出版品預行編目（CIP）資料

動物教我成為更好的人：不管有幾隻腳，都要在人生道路上勇敢的前進 / 莎伊 . 蒙哥馬利 (Sy Montgomery) 著；蕾貝卡 . 格林 (Rebecca Green) 繪；郭庭瑄譯 .
-- 初版 . -- 臺北市：高寶國際出版：高寶國際發行，2019.08　面；　公分 . -- (新視野 192)
譯自：How to be a good creature : a memoir in thirteen animals

ISBN 978-986-361-699-3 (平裝)
1. 動物學 2. 人生哲學 3. 軼事

380　　108008771

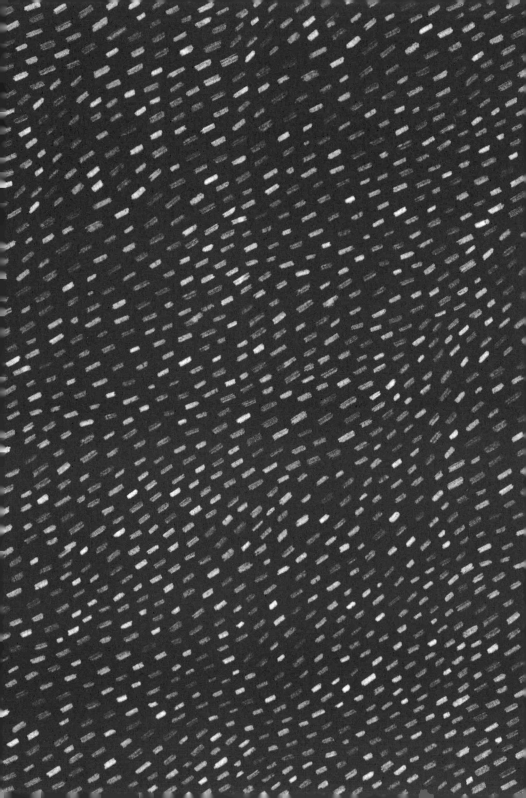

GOBOOKS
& SITAK
GROUP©